HEINZ BIELKA

Aus meinem Leben: Eine vielfältige Geschichte

Erinnerungen

FRIELING

Bibliografische Information der Deutschen Nationalbibliothek
Die Deutsche Nationalbibliothek verzeichnet diese Publikation in der Deutschen Nationalbibliografie; detaillierte bibliografische Daten sind im Internet über http://dnb.d-nb.de abrufbar.

Eine Marke der Frieling & Huffmann GmbH & Co. KG
Telefon: 0 30 / 766 999-0
www.frieling.de

1. Auflage 2018
ISBN 978-3-8280-3438-9
Umschlaggestaltung: Michael Reichmuth
Bildnachweis: Archiv des Autors

Printed in Germany

„Arduum res gestas scribere.“
Mühselig ist's, geschichtliche Taten darzustellen.

I.
Von Gersdorf bis Leipzig:
Von der Geburt bis zum Studium

II.
Die Bucher Jahre: Rückblicke und Miterleben. Geschichte und Geschichten

Von Gersdorf bis Leipzig:
Von der Geburt bis zum Studium

1929
Gersdorf: Eiskalte späte Geburt am kleinen Schöps

Das Licht der Welt, wie man immer so zu sagen pflegt, erblickte ich in dem kleinen Ort Gersdorf bei Görlitz als *„Heinz Siegfried Bielka"* am Dienstag, dem 19. März des Jahres 1929 nachmittags um 17:45 Uhr als Knabe in der Wohnung meiner Eltern Karl August Bielka und dessen Ehefrau Anna Martha Bielka, geborene Krakowsky, wohnhaft bei ihm, beide evangelischer Religion.

So steht es in meiner Geburtsurkunde Nr. 10 vom 22. März 1929 des Standesbeamten Dienel. Natürlich wurde ich dann, wie vorgeschrieben, auch geimpft, und zwar laut Impfschein der Impfliste Nr. 4 am 5. Mai 1930 erstmals mit Erfolg, womit, wie gleichfalls in diesem Dokument bescheinigt wurde, *„durch die Impfung der gesetzlichen Pflicht genügt wurde"*. Vor mir waren bereits 1920 meine 1923 verstorbene Schwester Elfriede und 1924 mein 1984 verstorbener Bruder Herbert auf die Welt gekommen.

Zur Welt gebracht wurde ich im Wohnzimmer des kleinen Hauses meiner Bielka-Großmutter am Dorfteich einer Wassermühle mit Blick zur Landeskrone bei Görlitz. Dieser 420 Meter hohe kegelförmige Berg vulkanischen Ursprungs, seiner Gestalt wegen auch Oberlausitzer Vesuv genannt, entstand als geologische Besonderheit vor etwa 30 Millionen Jahren als Durchbruch von tiefer gelegenem Basaltgestein durch die Lausitzer Granitplatte.

Getauft wurde ich am 21. April 1929 in der kleinen Gersdorfer Kirche der Evangelisch-Lutherischen Gemeinde, ein bescheidener, aber schöner Bau aus dem 17. Jahrhundert mit spätgotischem Kreuzgewölbe und Malereien sowie barocker Ausstattung, einem Dachreiter mit Uhr als Kirchturm aus dem

18. Jahrhundert und der Gruft des 1714 verstorbenen Guts- und Adelsherrn Joachim Ernst von Nostiz, der 1689 Gut, Ländereien und Schloss Gersdorf erworben hatte. Frühere Hinweise auf die Kirche gibt es allerdings bereits in einer Matrikel des Bistums Meißen von 1346.

Meine Vorfahren sowohl mütterlicher- als auch väterlicherseits sind sorbischer Herkunft.

Familiennamen wie Krakowsky, Bedrich und Simmang der Ahnen meiner Mutter und Geburtsorte wie Geißlitz und Kuppritz bei Hochkirch, ein bekannter Ort einer Schlacht 1758 im Siebenjährigen Krieg zwischen Preußen und Österreichern, mit den für sorbisch-wendische Orte typischen Endungen *itz* weisen darauf hin. Und Vorfahren meines Vaters mit Familiennamen wie Schimmank (evtl. auch Simmang?), Witschas und Zschapank stammen aus Neuwiese, Weißig und Oßling in sorbisch-wendischen Siedlungsgebieten der Lausitzer Heide- und Teichlandschaft bei Hoyerswerda und der Lessing-Stadt Kamenz.

Mein Geburtsort war also die damals etwa 700-Seelengemeinde Gersdorf, ein vor allem landwirtschaftlich geprägtes Dorf, erstmals erwähnt mit Schloss und Adelsgeschlecht auf ursprünglich wendisch-sorbischem Siedlungsgebiet in der bischöflichen Grenzurkunde für die Oberlausitz (Lusatia pars superioris; Lausitz bedeutet Sumpfland, feucht, Niederung) bereits 1241. In meinem Geburtsjahr 1929 gehörte Gersdorf im Gebiet der preußischen Oberlausitz noch zum 1813 gegründeten Regierungsbezirk Liegnitz der Provinz Schlesien, seit der deutsch-deutschen Wiedervereinigung 1990 zum Niederschlesischen Oberlausitzkreis.

Gersdorf liegt mit kleinem Bahnhof an der Eisenbahnlinie Dresden-Breslau kurz vor der durch Spätgotik, Renaissance, Barock und Gründerzeit geprägten schönen Stadt Görlitz an der Lausitzer Neiße sowie an der historischen *Via Regia* („koniges strate“, auch „Hohe Straße“ und „Jakobsweg“ genannt; älteste Ost-West-Verbindung in Mitteleuropa), auf der bei Gersdorf auch die *Via Sacra* („Heilige Straße“) verläuft, die als Pilgerweg im Dreiländereck Deutschland, die Tschechoslowakei und Polen verbindet.

Gründer von Gersdorf auf ursprünglich wendisch-sorbischem Siedlungsgebiet aus dem 7. nachchristlichen Jahrhundert war nach der bischöflichen Grenzurkunde von 1241 ein Ritter von Gerhartesdorp. Bekannt ist Gersdorf vor allem durch die um 1300 von Jencz (Johannes) von Gersdorff als Stammvater gegründete Gersdorff-Dynastie, der u. a. die Gelehrte und Poetin Henriette Catharina von Gersdorff (1648–1726) angehörte, die das geistige Leben ihrer Zeit sowie die sorbisch-wendische Kultur wesentlich gefördert und die Francke’sche Stiftung in Halle unterstützt hat. Ferner nenne ich Adolf Traugott von Gersdorff (1744–1807), Rittergutsbesitzer und Naturforscher sowie Mitbegründer der Oberlausitzischen Gesellschaft der Wissenschaften, eine der 1779 gegründeten ältesten Gelehrtengesellschaften in Mitteleuropa. Nennen möchte ich auch Nicol von Gersdorff (1629–1702), Landvogt der Oberlausitz in Bautzen. Nicol und Catharina von Gersdorff waren die Eltern von Nikolaus Ludwig Graf von Zinzendorf, dem Stifter der Herrnhuter Brüdergemeine 1727. Also honorige Geburtshelfer und Förderer meines Geburtsortes.

Mein kleines Geburtshaus in Gersdorf lag damals, geradezu romantisch, an einem kleinen Teich mit vielen Enten neben einer alten Wassermühle, deren Wasserrad von dem kleinen, nahe Gersdorf entspringenden Bach „Weißer Schöps“ angetrieben wurde. Getreu dem alten deutschen Sprichwort *„Die kleinen Bächlein laufen in die großen“* gelangt das Wasser des kleinen Schöps neben meinem Geburtshaus zunächst in der südlichen Heide- und Teichlandschaft der Mark Brandenburg in die große Spree und kommt damit schließlich in Berlin an, wo auch ich einmal ankam, allerdings erst 1953 während meines Studiums in Leipzig.

In meinem Geburtshaus in Gersdorf habe ich als Kleinkind bei meiner Bielka-Großmutter, mein Großvater war bereits 1921 gestorben, häufig viele schöne Stunden und Tage verbracht. Sie konnte wunderbar vorlesen. Ich mochte sie sehr, liebte das kleine Haus, mein Geburtshaus also, den schönen blumenreichen Garten, den Teich mit den vielen Enten und die Wassermühle. Jetzt, heute, ist alles ganz anders, nahezu fremd. Meine Kindheitsbilder gibt es nicht mehr, Enten auf dem Teich und das alte Mühlrad auch nicht mehr. Nur der kleine Schöps fließt auch heute noch an meinem Geburtshaus vorbei, wie vor 89 Jahren.

Mein Geburtstag, der 19. März also, benannt nach Joseph aus dem Geschlecht Davids, war 1929 ein sehr strenger, nahezu eiskalter winterlicher Tag. An das erste Licht meines Lebens kann ich mich natürlich nicht mehr erinnern, zumal es ein dunkler, spätwinterlicher Abend war, und das auch noch beim Schein von Petroleumlampen und Kerzen, denn elektrisch versorgtes Licht gab es damals in diesem kleinen Dorf noch nicht, und ich war wohl überhaupt auch gar nicht mehr als drittes Kind meiner Eltern „eingeplant“. Sie hatten 1919 geheiratet, nachdem mein Vater nach Fronteinsätzen in Russland und Frankreich aus dem Ersten Weltkrieg unversehrt zurückgekehrt war.

Der Winter des Jahres 1928/1929, in dem ich also geboren wurde, war einer der kältesten des 20. Jahrhunderts in Deutschland. Im etwa 50 Kilometer westlich entfernten Dresden war damals die Elbe derart zugefroren, dass pferdebespannte Kutschen den Fluss nahe der Marienbrücke und der Augustusbrücke überqueren konnten. Meine Mutter hatte, wie sie mir später ebenfalls erzählte, zunächst auch alle Mühe, mich nach meiner Geburt am 19. März durch die ersten eiskalten Tage des März 1929 *„zu bringen"*, wie sie es später häufig nannte. Sie hat es natürlich geschafft, möglicherweise hatte ich aber doch einige kältebedingte Entwicklungsverzögerungen abbekommen, denn nach meinen Erinnerungen war ich zunächst das, was man einen Spätentwickler nennen könnte. Und das begann vielleicht schon bei meiner Geburt, da mich meine Mutter sehr gern bereits zwei Tage früher entbunden hätte, also nicht, wie geschehen, erst am 19. März, einem Dienstag, sondern bereits am 17. März als Sonntagskind. Ich bevorzugte jedoch, eigensinnig wie ich auch später mitunter war, den nach Joseph aus dem Geschlecht Davids und dem Patron der Arbeiter benannten Festtag, also erst am Dienstag, dem 19. März 1929, auf diese Welt zu kommen.

Kulturell war mein Geburtsjahr ein vielfältig ereignisreiches Jahr. Thomas Mann erhielt 1929 den Literaturnobelpreis, Kurt Tucholsky schrieb mit *Deutschland, Deutschland über alles* seine antinationalistischen Satiren, Alfred Döblin seinen Roman *Berlin Alexanderplatz*, Erich Maria Remarque seinen pazifistischen Kriegsroman *Im Westen nichts Neues*. Am 9. August 1929 starb in Berlin der Maler Heinrich Zille, Otto Dix malte *Spielende Kinder*, das Luftschiff „Graf Zeppelin" umflog die Welt, in Berlin wurde 1929 die erste Fernsehsendung ausgestrahlt, und der Mediziner Werner Forßmann führte als junger Assistenzarzt im Krankenhaus in Eberswalde nahe Berlin seine ersten Selbstversuche zur Herzkatheterisierung durch und erfand den Herzkatheter, wofür er 1956 den Nobelpreis für Medizin erhielt.

Wirtschaftspolitisch war 1929 das Jahr, in dem am sogenannten „Schwarzen Freitag", dem 25. Oktober, durch Kursstürze an der Börse in New York die Weltwirtschaftskrise mit Millionen von Arbeitslosen ausbrach und „General Motors" sich bei der Opel-AG einkaufte.

Sehr viel mehr kann ich über das Jahr 1929, also mein

erstes Lebensjahr in Gersdorf, nicht berichten, denn schon 1930 zogen meine Eltern mit Sohn Herbert, also meinem Bruder, und mir von Gersdorf nach Neukirch in der Oberlausitz. In meinem Geburtsjahr 1929 erlitt nach meiner Geburt mein Vater bei einem schweren Unglück der 1843 gegründeten, Dresden und Breslau verbindenden Sächsisch-Schlesischen Eisenbahn bei Dresden eine schwere Verletzung. Da er in der Folge seine Arbeit als Zugführer nicht mehr fortsetzen konnte, erhielt er in Neukirch in der schönen Oberlausitz eine neue Stellung bei der Deutschen Reichsbahn, ganz in der Nähe von Bautzen, wohin meine Eltern 1930 umsiedelten.

1930–1943

Neukirch: Volksschule, Dorfteich, Pimpf, Pfannkuchen

1930 siedelten meine Eltern von meinem Geburtsort Gersdorf nach Neukirch in der Oberlaussitz über. Neukirch ist ursprünglich ein sogenanntes fränkisches Waldhufendorf aus dem Jahr 1222, nunmehr ein lieblicher Ort südlich von Bautzen, eingebettet über Oberlausitzer Granitgestein in einem Tal zwischen zwei schönen, bis 600 Meter hohen Bergketten, dem Oberlausitzer Bergland, deren nördliche Seite hier vom Mäander der am Kottmar entspringenden, nach Berlin fließenden Spree durchbrochen wird. Die Berge der Oberlausitz entstanden über einem der größten Granitmassive (Lausitzer Granitplatte) im Tertiär vor etwa 540 Millionen Jahren durch vulkanische Aufschmelzungen des Granits.

Funde aus der endoneolithischen Zeit der Schnurkeramik deuten darauf hin, dass erste Besiedlungen der Lausitzer Region wahrscheinlich bereits am Ende der Jungsteinzeit (Neolithikum) erfolgten, dauerhafte Niederlassungen aber erst in der jüngeren Bronzezeit (etwa 1200 bis 800 v. Chr.), eine Epoche, die als Lausitzer Kultur in die Fachliteratur eingegangen ist. Nachdem im 6. nachchristlichen Jahrhundert die bisher hier ansässige germanische Bevölkerung die Lausitz verlassen hatte, wanderten im 7. und 8. Jahrhundert Angehörige slawischer Stämme in das entvölkerte Gebiet ein, und zwar Sorben aus dem Stamm der Milzener. Sorben leitet sich aus dem Slawischen von „Sorb“ bzw. „Serb“ oder „Sarb“ ab, auch „Surbi“, was so viel wie „Verwandte“ oder auch „Verbündete“ heißt. Sorben werden deutsch auch als „Wenden“ bezeichnet.

Im Oberlausitzer Neukirch, erstmals in einer Urkunde des Bischofs von Meißen aus dem Jahr 1222 „Nuenkirgi“ genannt, später u. a. Nuwenkirch (1331), konnte ich trotz des Krieges ab 1939 eine glückliche Kindheit zunächst bis 1943 erleben. Besonders beglückend war für mich in meiner neuen Heimat, damals noch nicht beschädigt und verunstaltet durch menschliche Rücksichtslosigkeiten, die vielfältig schöne Natur mit noch intakten Wäldern, blumenreichen Wiesen, gepflegten kleinen Äckern und artenreichen Tierwelten, die mich immer wieder zu Naturbeobachtungen anregten und damit auch mein Interesse für Biologie förderten.

Nach unbeschwert schönen Kinderjahren wurde ich sodann 1935 in Neukirch in die nach dem Vertreter der Aufklärung Gotthold Ephraim Lessing aus dem benachbarten Kamenz benannte Volksschule eingeschult, zunächst noch ausgerüstet mit Schiefertafel, Schieferstift und feuchtem Schwämmchen im Tornister, auch Ranzen genannt. Über dem Eingangsportal des sehr schönen Schulgebäudes stand in Sandstein gemeißelt *„Ohne Fleiß kein Preis"*, was mich aber zunächst nicht besonders beeindruckte, ganz abgesehen davon, dass ich damals noch nicht lesen konnte. Viel lieber hielt ich mich auf dem Weg zur Schule an einem Dorfteich inmitten blumenreicher Wiesen auf und beobachtete, wie sich aus Froscheiern Frösche entwickelten, wie Libellen in der Luft über dem Wasser verharrten, ohne abzustürzen, und wie Wasserläufer auf der Wasseroberfläche dahinliefen, ohne unterzugehen, was für mich besonders interessant und ganz wichtig war, denn damals konnte ich noch nicht schwimmen.

Meine anfängliche Abneigung gegen die Schule wurde vor allem auch dadurch gefördert, dass wir Jüngsten, wir wurden damals noch Abc-Schützen genannt, in den großen Pausen auf dem Schulhof von Mädchen höherer Klassen immer wieder zu gemeinsamen Ringel-Ringel-Reihe-Spielen mit *„Husch, husch, husch im Holderbusch"* aufgefordert und eingefangen wurden, was ich aber sehr komisch fand, weshalb ich lieber wieder meinen Ranzen packte und Richtung Dorfteich zu den

Fröschen und Käfern verschwand. Meinen Lehrern blieb das natürlich nicht verborgen, sodass mein „eigenwilliges“ Verhalten zu milden Strafen führte.

Nach einiger Zeit ergab ich mich dann aber doch in mein Schicksal der Pflicht eines geordneten Schulbesuchs, sodass mir in den folgenden Jahren im Zensurenbuch in der Kopfnote *„Betragen und Fleiß“*, ab der 6. Klasse (1941) *„Führung und Haltung“* genannt, es war ja inzwischen Krieg, immer die Note „sehr gut“ bescheinigt wurde. In der *„Allgemeinen Beurteilung“* schrieben die Klassenlehrer über mich *„munter“*, *„frisch“* sowie *„gute Anlagen“*, und den Beurteilungen über *„geistig“* zufolge entwickelte ich mich im Laufe der Jahre von zunächst *„still“* und *„aufmerksam“* später zu *„sorgfältig“*, *„rege“* und sogar *„strebsam“*. Zu den Besten gehörte ich wohl nicht, meine Eltern waren trotzdem zufrieden, und ich auch.

Im Herbst 1939 wurde ich „Pimpf“, d. h. Angehöriger des „Deutsche Jungvolks“, eine nationalsozialistisch geprägte Jugendvereinigung. Die Bezeichnung „Pimpf“ ist seit dem 19. Jahrhundert lautmalerisch u. a. mit der Bedeutung „Halbwüchsiger“ und auch noch andersartigen Bezeichnungen belegt, was ich damals natürlich nicht wusste. Meine Eltern waren zunächst dagegen, Mitglied des Deutschen Jungvolks zu werden. Für mich aber ging es einmal um einen Pfannkuchen, einen Faschingspfannkuchen, und das war so: Am Ende des Fastnachtsumzuges im Dorf im Frühjahr 1939 gab es Pfannkuchen, und zwar für Mitglieder des „Deutschen Jungvolks“, also „Pimpfe“, zwei Pfannkuchen; für „Nichtpimpfe“, also auch für mich, aber nur einen Pfannkuchen, was ich als höchst ungerecht empfand. Da half dann zu Hause auch ein zweiter Pfannkuchen meiner Mutter zunächst nicht weiter. Im folgenden Jahr aber, also im Frühjahr 1940, bekam auch ich nach dem Karnevalsumzug zwei Pfannkuchen, denn inzwischen war auch ich ein Pimpf, also ein Jungvolksjunge geworden.

Besonders stolz darauf war ich nicht, und Parolen wie *„Du bist nichts, dein Volk ist alles"* oder *„Hart wie Kruppstahl, flink wie Windhunde, zäh wie Leder"* und viele andere unsinnige Sprüche bedeuteten mir nichts. Mir war zunächst auch wirklich nicht bewusst, dass Aufenthalte in Zeltlagern oder Jugendherbergen mit kämpferischen Geländespielen, an denen ich einige Male teilnahm, der vormilitärischen Ausbildung für einen Krieg dienten.

Mit schlimmen Erinnerungen denke ich an den Ausbruch des Zweiten Weltkrieges. Ich war inzwischen also zehn Jahre alt geworden. An jenem 1. September 1939 wurden wir gleich nach Schulbeginn wieder nach Hause geschickt, denn unser Klassenlehrer Zimmermann war als Reserveoffizier zum Kriegsdienst befohlen worden, und im Herbstzeugnis wurde dazu notiert: *„Der Klassenlehrer ist bei der Wehrmacht. Beurteilung und Zensuren sind daher wie Ostern 1939."* Damit war ich, was die Zensuren betraf, sehr zufrieden, da meine schulischen Leistungen damals recht gut waren und 1943 schließlich auch zu einem insgesamt guten Abschluss meiner Volksschulzeit in Neukirch führten. Aber es war Krieg, inzwischen Weltkrieg!

Während meiner Volksschulzeit las ich sehr gern, so in einem alten „Schlesischen Lesebuch" meiner Bielka-Großmutter, Grimms Märchen, Tiergeschichten, eine Prosaausgabe des Nibelungenliedes, Gedichte der Romantiker und auch „Indianerbücher" von Karl May. In Erinnerung habe ich u. a. *Robinson Crusoe* von Daniel Defoe sowie *Onkel Toms Hütte* von Harriet Beecher Stowe. Ich las auch sehr aufmerksam die Bücher *Germanin* (Geschichte eines Arzneimittels gegen Parasiten) und *Anilin* (Geschichte eines Farbstoffs), wodurch mein Interesse für medizinische Forschung sowie das für Chemie sehr gefördert wurden. Leider, so muss ich heute gestehen, las ich auch „Kriegsbücher" über die deutschen militärischen Erfolge im Zweiten Weltkrieg, was von meinem Vater gar nicht gern gesehen wurde, denn er hatte ja von Anfang bis Ende den Ersten Weltkrieg in Russland und Frankreich als einfacher Soldat miterlebt und hatte, wie er immer schimpfend sagte, vom Krieg die Nase voll; außerdem war mein Bruder Herbert 1942 18-jährig zur Wehrmacht eingezogen worden. Glücklicherweise hat auch er den Zweiten Weltkrieg als Funker ohne Schaden überstanden.

Inzwischen hatte ich ebenso begriffen, ich war mittlerweile etwa 13/14 Jahre alt, dass es zweierlei Geschlechter gibt, aber eben nicht nur bei Käfern, bei Fröschen und bei Fahrrädern, sondern auch beim Menschen. Ich registrierte weiterhin, dass bestimmte körperliche Merkmale typisch für das weibliche Geschlecht sind und dass sich andererseits Stimmbruch und Bartwuchs normalerweise nur bei männlichen Lebewesen einstellen.

Auch bin ich nicht gottlos groß geworden, und so waren abendliche Gebete mit der Mutter am Bett selbstverständlich. Nach Teilnahme am Religionsunterricht wurde ich sodann am 22. April 1943 in der Evangelischen Kirche zu Neukirch konfirmiert. Pfarrer Zweynert, Vater einer Mitschülerin, widmete mir mit Psalm 46,2 den Denkspruch: *„Gott ist unsere Zuversicht und Stärke, eine Hilfe in den großen Nöten, die uns getroffen haben.“* Wie richtig und sicher auch wohlwollend gemeint in der Zeit des Nationalsozialismus und des Zweiten Weltkrieges nach der Schlacht und der verheerenden Niederlage der deutschen Wehrmacht gegen die Sowjetunion in Stalingrad, in der auch einer meiner Cousins gefallen ist.

Nach erfolgreichem gutem Abschluss der Volksschulzeit 1943 schlugen mich Direktor Paul Forker, ein sehr erfahrener Pädagoge, sowie mein Klassenlehrer, Lieblingslehrer und bekannter Heimatforscher Erhard Nierich für den Lehrerberuf vor. Zunächst skeptisch, stimmten meine Eltern aber doch zu, insbesondere meine Mutter und auch ihr Vater, denn sie war Enkelin eines Lehrers, und so wurde ich schließlich im Sommer 1943 zur mehrtägigen Aufnahmeprüfung in das Lehrerseminar, damals Lehrerbildungsanstalt genannt, nach Löbau geschickt, vormals Mitglied des historischen Sechsstädtebundes. Ich bestand die Prüfungen mit guten bis sehr guten Ergebnissen und wurde daher aufgenommen. Die Lehrerbildungsanstalten waren aufgrund eines Führererlasses von Adolf Hitler im November 1940 ab 1941 gebildet worden, und zwar als „Akademien zur Ausbildung von Lehrern". Meine Mutter begleitete mich zum Schulantritt mit unguten Gefühlen nach Löbau, denn es war Krieg, Weltkrieg nunmehr schon im vierten Jahr.

1943–1945
Löbau: Lehrerseminar, letzter Volksstürmer, Flüchtling

Zweiter Weltkrieg! Im Herbst 1943 war nach Kapitulation der 6. deutschen Armee bei Stalingrad am 2. Februar 1943 trotz angekündigter deutscher Geheimwaffen (sog. V-Waffen = Vergeltungswaffen) die militärische Niederlage Deutschlands im Grunde genommen nicht mehr zu vermeiden, und auch an der „Heimatfront" nahm der Glaube an den deutschen Endsieg deutlich ab. Beigetragen dazu haben auch die abendlichen Sendungen des Londoner Rundfunks in deutscher Sprache nach dem bekannten Sendezeichen *„bumb-bumb-bumb-bumb"* – *„Nachrichten in deutscher Sprache"* um 20 Uhr, die mein Vater ziemlich regelmäßig hörte. Meine Mutter stand dann vor dem Haus „Schmiere", d. h. hielt Wache, denn auf das Abhören „feindlicher Sender" stand in den letzten Kriegsjahren die Todesstrafe, und gefürchtete Nazi-Spitzel waren ständig und überall unterwegs. Trotz zunehmender Luftangriffe der Alliierten auf deutsche Städte mit zum Teil schlimmen Folgen und auch militärischer Niederlagen an der russischen Ostfront war in großen Teilen der Bevölkerung aber noch immer ein gewisser Glaube an den deutschen Endsieg vorhanden.

Wohl von gewissen Ängsten begleitet, denn immerhin war zu dieser Zeit mit der Kapitulation der 6. deutschen Armee bei Stalingrad im Februar 1943 bereits die militärische Niederlage Deutschlands vorauszusehen, reiste ich in Begleitung meiner sorgenvollen Mutter am 1. September 1943 zum Eintritt als Internatsschüler in die 1872 als Königliches Lehrerseminar gegründete Lehranstalt nach Löbau in Ostsachsen, Mitglied des 1346 gegründeten Sechsstädtebundes, eine ehemals Oberlausitzer Wirtschafts- und Rechtsgemeinschaft, die dem böhmischen König unterstand.

Mit Eintritt in diese Lehranstalt in Löbau wurde ich Mitglied der Deutschen Hitlerjugend (HJ). Diese war 1936 per Gesetz zur „Pflichtjugendorganisation“ erklärt worden. Durch die „Jugenddienstverordnung“ vom 25. März 1939 wurde sodann die HJ-Mitgliedschaft zur unumstößlichen Pflicht erklärt und schließlich 1943 bereits für 14-Jährige zur Anwendung gebracht. Es gab also keine Freiwilligkeit mehr, und so wurde auch ich 1943 HJ-Mitglied.

Unbeeinflusst von politischen Gängeleien lernte ich im Lehrerseminar fleißig, interessierte mich vor allem sehr für Chemie, Biologie und zunächst auch für alte griechische Geschichte, war nicht der Beste in der Klasse, vielleicht so im ersten Drittel, womit ich vorerst aber ganz zufrieden war. Und auch das durchaus strenge Leben im Internat gefiel mir eigentlich meist recht gut.

Obwohl die Lehrerbildungsanstalten (LBAs) in Deutschland zu dieser Zeit als politisch systemnahe Einrichtungen galten, waren nach meinen Erinnerungen die Lehrinhalte in unserer Schule kaum durch nationalsozialistisches Gedankengut bestimmt, was ich, trotz Rassegesetzen, auch für den Biologieunterricht bei Professor Kerstan so in Erinnerung habe. Er brachte uns beispielsweise rassische Erbbiologie nicht nach Nazi-Art, sondern am Beispiel der Kreuzungsversuche des Augustinermönchs Gregor Mendel mit Erbsen bei. Professor Kerstan war überhaupt ein liebenswerter Mensch und Lehrer, was uns damals als junge Internatsschüler sehr gut getan hat, in einer Zeit des „Nochsuchens“ und „Orientierens“, des „Einordnens“ und des „Verstehens“ des zukünftigen Lebens. An ihn habe ich mich später als Lehrer gern erinnert. Wir hatten überhaupt gute und sehr gute Lehrer, die meisten Promovierte ihres jeweiligen Lehrfachs, die auch im Gymnasium unterrichteten.

Das durchaus strenge Leben im Internat ließ uns zunächst aber auch viel Raum für Freizeitgestaltungen, wozu erfreulicherweise auch Interessen für Schülerinnen des Gymnasiums gehörten, das sich im gleichen Gebäude wie unsere Lehrer-Lehranstalt befand. Ich gestehe: Auch ich war nicht völlig frei von derartigen Interessen. Nach entsprechenden Unterweisungen durch Internatsmutter Hübner folgten wir sehr gern auch Einladungen zu *„guten Tischsitten in Haushalten vornehmer Löbauer Bürger"*. Davon sind mir u. a. auch die Kaffee-Nachmittage bei einem bekannten Löbauer Gärtnermeister mit seinen zwei hübschen Töchtern in schöner, guter Erinnerung geblieben.

Allerdings rückte in dieser Zeit trotz vieler Sondermeldungen über militärische Erfolge der Deutschen Wehrmacht, im Rundfunk jeweils angekündigt mit den Siegesfanfaren aus der Sinfonischen Dichtung Nr. 3 *Les Préludes* von Franz Liszt, der Krieg mit zunehmend vielfältig schlimmen Folgen auch bei uns im Lehrerinternat immer näher. Mehr und mehr trafen Meldungen über *„für Führer, Volk und Wehrmacht"* gefallene ehemalige Mitschüler ein, die besonders geehrt wurden, was uns aber zunehmend auch mit Angst erfüllte.

Die Situationen und Meinungen über den Krieg änderten sich deutlich, nachdem 1944 an der Ostfront nach dem Zusammenbruch der deutschen „Heeresgruppe Mitte" sowjetische Armeen schnell Richtung Deutschland vorgestoßen waren, die westlichen Alliierten im Juli 1943 in Italien und Anfang Juni 1944 im Westen an der Atlantikküste Deutschland in einen kaum noch zu gewinnenden Dreifrontenkrieg verwickelt hatten und ihre Luftangriffe auf deutsche Städte mit verheerenden Zerstörungen und Opfern unter der Zivilbevölkerung forciert hatten. Da halfen dann auch erste ferngelenkte raketengetriebene deutsche Flugkörper, sogenannte V-Waffen, nicht mehr.

In den Sommer- und Herbstferien 1944 mussten wir inzwischen 15-Jährigen in sogenannten Wehrertüchtigungslagern an mehrwöchigen vormilitärischen Ausbildungen einschließlich Waffengebrauch durch kriegserfahrene Soldaten teilnehmen, so u. a. auch im Renaissance-Schloss in Hainewalde bei Zittau, erbaut im Barockstil der Bauherrenfamilie von Nostiz. Es galt als Sanssouci der Oberlausitz und wurde von 1933 bis 1945 schändlich als Wehrertüchtigungslager genutzt. Auch ich wurde dort mit meinen Mitschülern vormilitärisch ausgebildet.

In der Schule und in unserem Internat in Löbau wurden zunehmend Räume für Flüchtlinge aus Ostpreußen und vor allem aus Schlesien frei gemacht. Bei Nachteinsätzen mussten auf dem Bahnhof von uns Flüchtlinge versorgt sowie aus ankommenden Flüchtlingszügen und Rotkreuzzügen Tote, meist Kinder, Frauen und alte Menschen, auf Bahnhofsgepäckwagen „verladen" und in die Leichenhalle des Löbauer Krankenhauses gebracht werden. Am nächsten Tag gab es für uns ab 8 Uhr wieder „normalen" Unterricht.

Ab 5. März 1945 wurden alle männlichen Jugendliche des Jahrganges 1929, also meines Geburtsjahres, sowie alle älteren Männer bis zu 60 Jahren als Mitglieder des sogenannten „Volkssturms" verpflichtet und auch zum Kriegsdienst eingezogen, so auch wir Schüler des Jahrganges 1929 noch im Februar/März 1945. Diese paramilitärische Organisation war auf Veranlassung von Adolf Hitler im September 1944 als „letztes Aufgebot" gegründet worden, und so kamen wir „Volkssturmjünglinge" noch zum Einsatz an einer strategisch wichtigen Brücke über die Ost-West-Eisenbahnverbindung Breslau–Görlitz–Dresden sowie zum Flankenschutz gegen russische und polnische Truppen nördlich von Löbau, die sich vom Süden ausgehend in Angriffen auf Berlin befanden.

In dieser Zeit mussten wir nahezu täglich nach dem Unterricht, bereits vom Geschützdonner der von Schlesien heranrückenden Roten Armee begleitet, in Hitlerjugenduniform und Nazilieder singend noch durch Löbau marschieren, vom

Internat zum Volkssturmlager, vorbei am Bahnhof mit an Bäumen aufgehängten fahnenflüchtigen deutschen Soldaten mit um den Hals gehängten Schildern und der Aufschrift *„Ich bin ein Deserteur“*. Angeführt wurden wir beim strengen Gleichschritt von HJ[1]-Gefolgschaftsführer Manfred Bachmann und gesungen, ja nahezu gegrölt wurde: *„Wir werden weitermarschieren, auch wenn alles in Scherben fällt, denn heute, da hört uns Deutschland, und morgen die ganze Welt.“* Schließlich mussten ja auch im Untergang noch Disziplin und Siegeswille lautstark demonstriert werden! Und am Abend wurde sodann im Internat im kleinen Kreis von Nazi-Parteiabzeichenträgern und HJ-Führer Bachmann noch lärm- und alkoholreich gefeiert. Da ich dagegen protestierte, wurde ich auf Befehl von HJ-Führer Manfred Bachmann durch Internatsmutter Hübner wegen Disziplinlosigkeit geohrfeigt. Beide wurden tags darauf von Direktor Oberstudienrat Reche getadelt. HJ-Gefolgschaftsführer Bachmann überlebte den Krieg, war nach Pädagogikstudium ab 1946 in Dresden u. a. Neulehrer für Geschichte sowie in der DDR mehrfach geehrter und dekorierter Generaldirektor der Staatlichen Kunstsammlungen Dresden bis November 1989.

In Erinnerung ist mir auch der 19. März 1945 geblieben, mein 16. Geburtstag also. Im Internat gab es nach dem Unterricht eine kleine Geburtstagsfeier mit Mitschülern, Internatsdirektor Dr. Rabe und Mathematiklehrer Studienrat Pietsch. Große Ängste beherrschten die Gespräche. Das militärische Geschehen wenigstens für Momente zu vergessen, war trotz aller Bemühungen vergeblich. Von Ferne hörten wir ständig Kanonendonner, und die Geburtstagskerzen verlöschten auch sehr bald.

Und an eben diesem 19. März 1945 wurde in der Presse auch der bereits schwer gezeichnete Adolf Hitler im Hof der

---

1 *Hitlerjugend*

Reichskanzlei in Berlin gezeigt, als er 16-jährigen Hitlerjungen noch „Eiserne Kreuze“ verlieh und sich dabei gegenüber Rüstungsminister Albert Speer so zur Lage äußerte: *„Wenn der Krieg verloren geht, wird auch das deutsche Volk verloren sein. Denn das Volk hat sich als das schwächere erwiesen, und dem stärkeren Ostvolk gehört ausschließlich die Zukunft. Was nach diesem Kampf übrig bleibt, sind ohnehin nur die Minderwertigen, denn die Guten sind gefallen.“*

Wir lebten noch, gehörten also zu den Minderwertigen, die noch kämpfen sollten, denn der Krieg ging immer noch weiter, und so wurde ich noch zum 18. April 1945 in die Kaserne nach dem benachbarten schönen Bautzen zur Musterung befohlen, dort sofort als wehrtauglich befunden und erhielt sodann für den 15. Mai 1945 auch gleich den Einberufungsbefehl für die SS-Panzerdivision „Hitlerjugend“. An einer von zwei alten Männern bewachten Panzersperre der schönen, zur Festung erklärten Stadt Bautzen entkam ich schließlich noch aus der tags darauf von sowjetischen Truppen eingeschlossenen Stadt zurück nach Löbau. Bei den Kämpfen in Bautzen kamen etwa 5.000 Menschen um. Zum Glück waren dann der Krieg und der NS-Spuk mit Einberufungsbefehl für den 15. Mai, eine Woche vorher, also am 8. Mai, 1945 zu Ende.

Zunächst, nach meiner kriegstauglichen Musterung am 18. April, war aber noch Krieg und noch mussten wir inmitten von Löbau immer wieder auch an Hinrichtungen sogenannter fahnenflüchtiger deutscher Soldaten durch Erschießungskommandos der Wehrmacht, sogenannte Feldgendarmerie, als warnende Maßnahmen gegen Fahnenflucht teilnehmen. Die Leichname blieben dann bewacht 24 Stunden bis zur nächsten Erschießungsaktion liegen.

Am 4. oder 5. Mai, ich erinnere mich nicht mehr genau, verfügte unser Volkssturmführer Leutnant Israel, ein ehemaliger schwerverwundeter SS-Offizier, für uns aber ein durchaus väterlicher Typ, an der von uns schwer bewaffnet bewachten Eisenbahnbrücke in Löbau: *„Jungs, der Krieg ist verloren, geht in die Schule, zieht euch Zivilklamotten an* [wir trugen noch Hitlerjugend-Uniform] *und haut mit euren Lehrern ab.“* Und so geschah es auch. Er aber blieb zurück, die Brücke wurde gesprengt, und wir verließen noch am Abend unser geliebtes Lehrerinternat, hinein in die Nacht, um nicht von russischen Tieffliegern angegriffen zu werden, was aber trotzdem passierte.

Unser Ziel war zunächst Richtung Süden das sogenannte Protektorat Böhmen und Mähren in der Tschechoslowakei, wo noch starke deutsche Kampfverbände unter dem berüchtigten, von Hitler hoch dekorierten deutschen Generalfeldmarschall Ferdinand Schörner standen, letzter Oberbefehlshaber des deutschen Heeres. Er war noch am 5. April 1945 zum Generalfeldmarschall ernannt worden. Nach dem Krieg wurde er in der Sowjetunion zu 25 Jahren Zwangsarbeit verurteilt, wurde jedoch 1955 wieder entlassen und starb 1973 in München.

Auf unserer Flucht kamen wir allerdings zunächst nur bis in die östlichen Ausläufer des Elbsandsteingebirges in dem 1938 von Deutschland vereinnahmten Sudetenland. Dort verweilten wir in felsigen Höhlen, wo uns am 8. Mai erste, zunächst noch ungewisse Nachrichten über eine deutsche Kapitulation erreichten, nachdem die Reichshauptstadt Berlin bereits am 2. Mai nach Hitlers Selbstmord kapituliert hatte. Dem folgten dann Nachrichten, dass am 8. Mai um 23:01 Uhr mitteleuropäischer Zeit alle Kampfhandlungen endgültig einzustellen seien. So vernichteten auch wir alle von uns bis dahin noch mitgeführten Waffen: Maschinenpistolen, Gewehre und Handgranaten. Gott sei Dank, dass nun auch für uns der Krieg zu Ende war, wenige Wochen nach meinem 16. Geburtstag und eine Woche vor meiner vorgeschriebenen Einberufung zur Waffen-SS zum 15. Mai 1945. Ich kann mich nicht mehr recht erinnern, was ich damals gedacht habe, ich weiß nur, dass ich keine Ahnung hatte, wie es nun wohl weitergehen könnte.

Zunächst gab es aber noch weitere schwierige Situationen zu überstehen, so zum Beispiel folgendes Geschehen. Als wir nach dem 9. Mai zur Flucht in Richtung Westen über die Elbe – hin zu den Amerikanern – aufbrachen, sollten wir mitten auf dem Weg in einem kleinen Ort in der Tschechoslowakei zusammen mit einigen Zivilisten aus einem deutschen Flüchtlingstreck durch russische Soldaten erschossen werden, und zwar, welch makabres Szenarium, an einer Friedhofsmauer. Wir sollten hingerichtet werden, da in der Handtasche einer deutschen Frau in diesem Treck eine durchgeladene, entsicherte Pistole gefunden worden war. Möglicherweise war sie Mitglied einer deutschen Werwolfbewegung, der noch 1944 von Reichsführer SS Heinrich Himmler ins Leben gerufenen Aktion zur illegalen Kampftätigkeit, also Partisanenkämpfen. Wir standen bereits an der Friedhofsmauer aufgestellt zur Exekution. In letzter Minute entgingen wir dem Tod dank des Einsatzes eines mit vielen Orden hoch dekorierten Offiziers der Roten Armee zu Pferd, dem Erscheinungsbild nach ein Kosake. Vor unseren Augen wurde sodann die Frau erschossen, und wir durften danach den Ort dieser grausamen Hinrichtung verlassen. Nun endlich beschloss ich, völlig traumatisiert, in mein Elternhaus in Neukirch in der nicht weit entfernten Oberlausitz zurückzukehren.

Auf dem Weg dorthin hatte ich noch ein interessantes Erlebnis, nämlich erste, wahre deutsch-sowjetische Freundschaft, die später in der sowjetischen Besatzungszone Deutschlands und dann insbesondere in der DDR zur Staatsdoktrin erhoben wurde. Nur noch etwa 25 Kilometer von meinem Zuhause in Neukirch in der Oberlausitz entfernt, begegnete ich an einem der für die Oberlausitz typischen Granitsteinbrüche einer kleinen Gruppe, bei Fleischgrill und Wodka fröhlich feiernden jungen, russisch sprechenden sympathischen Burschen, die auch etwas Deutsch sprachen. Es waren Steinbrucharbeiter, ehemalige Gefangene der russischen Armee, ebenfalls sehr froh, dass der Krieg und damit die Gefangenschaft nunmehr auch für sie zu Ende waren. Sie luden mich ein, mit ihnen zu feiern, und so erlebte ich das erste Mal wirklich schöne, nicht wie später politisch verordnete, deutsch-sowjetische Freundschaft. Fleischgesättigt, auf Wodka hatte ich verzichtet, denn ich hatte noch etliche Kilometer in mein heimatliches Neukirch vor mir, verabschiedeten wir uns mit einem herzlichen „Wojna kapuut“ und wirklich herzlichen Umarmungen.

Schließlich, es war wohl der 10. oder 11. Mai, kam ich dann am Abend heil in meiner Heimat im Oberlausitzer Neukirch an, sehnsüchtig von meinen Eltern erwartet und von ihnen dankbar und voller Freude wieder in ihre Arme geschlossen. Ich war glücklich, nunmehr den Krieg mit 50 Millionen Toten und 3 Millionen Vermissten überlebt, d. h. zumindest physisch überstanden zu haben, im Gegensatz zu vielen Mitschülern und Freunden, die gerade noch in den letzten Kriegswochen für „Führer, Volk und Vaterland“, wie es offiziell immer hieß, gefallen waren. Sie starben für ein verbrecherisches System, als wir glaubten, unsere Zukunft, unser Leben voller Hoffnungen, Wünsche und Pläne noch vor uns zu haben. Was wussten wir damals mit 16 Jahren, davon sechs Jahre im Krieg, schon vom wahren Leben – einem sicheren schönen Leben im Frieden – von Liebe, vom anderen Geschlecht?

1945–1948
Neukirch und Bischofswerda: Pferdeflüsterer, Musikant, Gymnasiast

Nach Kriegsende am 8. Mai 1945, in einer zunächst ziemlich perspektivlosen Zeit vieler Unsicherheiten, zahlreicher Ängste und Nöte, in einer Zeit geprägt von Ruinen und geistigen Trümmern, von Vertreibungen, Flüchtlingen und Ausgebombten, Enteignungen, des Kartoffelstoppelns und Ährenlesens gegen Hunger war also gewissermaßen ein Neubeginn des Lebens notwendig. So entschloss ich mich, baldmöglichst auch die höhere Schulbildung fortzusetzen. Mir schwebte vor, wie bisher, Lehrer oder gar ein Wissenschaftler zu werden.

Jedoch war in dieser Zeit des Hungers, von Lebensmittelkarten und vielen anderen Unsicherheiten vorerst Nahrungserwerb zum Überleben wichtigstes Gebot. Also arbeitete ich zunächst in meinem Heimatort Neukirch bei Bauer Schmidt, einem ehemaligen Erbgerichtshof. Dort lernte ich bei Vollverpflegung Kühe zu melken, mit einem Ochsen vor einem Pflug Äcker zu pflügen, ganz besonders auch mit Pferden zu „flüstern", also zu sprechen und zu „tuscheln", d. h. umzugehen, mit der Sense zu mähen und mit Gabel und Schaufel Tierställe zu reinigen, genauer gesagt, auszumisten. Natürlich konnte mich diese Tätigkeit in der Landwirtschaft nicht befriedigen, so schön das Arbeiten mit Tieren, insbesondere mit Pferden, auch war, und vor allem: Ich hungerte nicht!

In der Lehrerbildungsanstalt in Löbau hatte ich ja auch das Geigenspiel erlernt. Also gründete ich im Sommer 1945 in Neukirch mit meinem alten Schulfreund Karl Heinke, einem sehr guten Klavier- und Schifferklavierspieler, eine kleine Kapelle, womit wir in verschiedenen Orten recht erfolgreich auch zum Wiedergewinn der Lebensfreude der durch den Krieg arg gebeutelten Menschen beitragen konnten. Außerdem verdienten wir auch ganz gut Geld, was ich für den geplanten Besuch eines Gymnasiums mit Internat brauchte und womit ich auch meinen Eltern etwas helfen konnte.

Nach Kriegsende 1945 war das Leben in vielerlei Hinsicht wirklich sehr schwierig, denn es gab, durch sowjetische Militärbehörden verhängt, strenge Maßnahmen. Radios, Ferngläser, Schreibmaschinen, Fotoapparate, Landkarten, selbst lange Küchenmesser mussten beim sowjetischen Dorfkommandanten abgeliefert werden. Auch gab es abendliche Ausgangssperren sowie Regelungen und Verbote für Versammlungen und Fahrradbenutzungen.

Da ich in der Musikkapelle des Ortes tätig war und wir auch gern „bei den Russen" spielten, die besonders gut bezahlten, erhielt ich in deutscher und russischer Ausfertigung folgendes Dokument:

Passierschein. Heinz Bielka [im russischsprachigen Dokument wurde ich als „Musikant" bezeichnet], *geboren 19. März 1929, ist berechtigt, am Mittwoch, Sonnabend und Sonntag nach 23 Uhr die Straße zu betreten. Grund: Er ist bei der hiesigen Kapelle beschäftigt. Es wird gebeten, ihn überall ungehindert passieren zu lassen.*

Neukirch, am 17.08.1945

Und mit Datum 13. März 1946 wurde mir, um von meinem Heimatort Neukirch zum Gymnasium in das etwa 20 Kilometer entfernte Bischofswerda fahren zu können, eine Ausweiskarte ausgehändigt, in der mir bescheinigt wurde: *Der Inhaber ist berechtigt, ein Fahrrad zu benützen. Von einer Beschlagnahme des Fahrrades ist abzusehen.* – Und das, nachdem mir bereits im Frühsommer 1945 von einem Rotarmisten ein Fahrrad meiner Mutter, zum Glück ein ziemlich altes, auf offener Straße entrissen worden war, und zwar unter Androhung, so gestikulierte er unmissverständlich mit seiner MP (Maschinenpistole), mich bei Weigerung erschießen zu wollen. Also gab ich ihm schließlich missmutig das alte Gefährt, stellte dann aber schnell fest, dass er gar nicht Rad fahren konnte, denn er lief davon, das Rad schiebend und reichlich schwankend.

Zunehmend entwickelte ich in dieser Zeit mein Interesse für Chemie weiter, angeregt noch durch meinen Chemielehrer Dr. Graupner im Lehrerseminar in Löbau. So richtete ich mir zu Hause im Kinderzimmer ein kleines Labor ein, um mir die Welt der Chemie, der Wechselwirkung von Atomen und Molekülen, zu erschließen. Ich experimentierte mit Säuren, Laugen und verschiedenen Salzen, mit rotem Phosphor und mit metallischem Natrium und dessen Reaktion mit Wasser, Versuche, die teilweise sehr heftig verliefen und durchaus nicht ungefährlich waren. Bei Versuchen im Kinderzimmer mit rotem Phosphor brach einmal ein kleiner Brand aus, den ich aber schnell mit Sand aus einer Luftschutzsandkiste aus Kriegszeiten zur Bekämpfung von Brandbomben wieder löschen konnte. Es waren Experimente, die ich unbeschadet überstand, was mir als Glücksfall aber erst später im Chemiestudium so recht klar wurde. Meine Eltern und mein Bruder verfolgten meine Versuche mitunter angstvoll.

Im Herbst 1945 nahm in Bischofswerda, etwa 25 Kilometer von meinem Heimatort Neukirch entfernt und Eingangstor zum schönen Oberlausitzer Bergland, das Goethe-Gymnasium wieder seinen Unterricht auf. Urkundlich wurde Bischofswerda erstmals 1227 erwähnt und Stadtherren waren bis zum 16. Jahrhundert die Bischöfe von Meißen. Das schöne Schulgebäude in Bischofswerda war 1909 bis 1912 in der Epoche des Jugendstils als Königlich-Sächsisches Lehrerseminar erbaut worden. Also bewarb ich mich bei Schuldirektor Paul Kegel, auch bekannter Maler und Kunsterzieher, und wurde aufgenommen, bald auch im zugehörigen Internat mit Speisungen, dafür ausgerüstet mit Lebensmittelmarken für Brot, Fett und Fleisch sowie 20 Mark (Ostmark) pro Monat. Es folgten, zunächst noch durch das „Dritte Reich“ und Kriegsfolgen teilweise eingeschränkt, drei lernintensive Jahre bis zum Abitur 1948.

Eines der vielen Probleme damals war, dass Lehrer, die vordem Mitglied der NSDAP (Nationalsozialistische Deutsche Arbeiterpartei) waren, aus dem weiteren Schuldienst ausgeschlossen wurden, da sie nach dem Krieg in der Ostzone unter ein zehnjähriges Berufsverbot fielen. Viele Lehrer, aber auch Schüler, verließen daraufhin die Ostzone vor allem Richtung Westdeutschland. Was den Lehrermangel betraf, so nahmen wir unter anderem heimlich Privatunterricht bei ausgeschlossenen Lehrern, die wir zum Teil mit Lebensmitteln vom Lande und im Winter auch mit Brennmaterialien für ihr Zuhause versorgten, d. h. in dieser Form bezahlten.

Ein Problem waren damals auch die Lehrbücher, die zum großen Teil ebenfalls noch aus der Zeit des Dritten Reiches stammten und mit entsprechendem Stempeleindruck für den Unterrichtsgebrauch nicht mehr zugelassen wurden. Trotzdem benutzten wir sie teilweise heimlich weiter. Außerdem gab es nach 1945 bei Verlagen in den westlichen Besatzungszonen Deutschlands und in Westberlin gedruckte bzw. herausgegebene Lehrbücher, die laut Stempeleindruck *„nur für den Gebrauch in der Ostzone bestimmt“* waren und *„deren Besitz in den Westzonen und Westberlin strafbar ist“*.

Ein weiteres großes Problem war wegen des damaligen Kohlemangels in der Sowjetischen Besatzungszone auch die Beheizung der Schulräume in den Wintermonaten 1947/48, d. h. vor den anstehenden Abiturprüfungen. Wir behalfen uns, indem wir in den Sommer- und Herbstferien 1947 durch Rodearbeiten im Wald nahe Bischofswerda Brennmaterial, sogenannte Stöcke, heranschafften, um so wenigstens in der

12. Klasse in Vorbereitung auf das Abitur im Gymnasium einen kleinen Raum mit Kachelofen beheizen zu können. So konnte der Unterricht ohne wesentliche Unterbrechung fortgesetzt werden, wenn auch bekleidet mit Strickpudel, Schal, Mantel und Filzschuhen, zum Teil auch Handschuhen, übrigens auch unsere Lehrer, und alle bestanden die Abschlussprüfungen, d. h. das Abitur 1948.

In Bischofswerda nahm ich während meines Besuchs des Gymnasiums privat bei einem älteren Musiklehrer auch wieder Geigenunterricht. Auch ihn bezahlte ich mit Holz als Brennmaterial, das ich zu Hause im Neukircher Wald heimlich geklaut hatte. Es war halt die Zeit der „Tauschgeschäfte". Er hatte ein warmes Zimmer, und ich spielte wieder ein wenig Geige, bei ihm im geheizten Musikraum.

Meine Leidenschaft für Schulen verdanke ich vielen meiner Lehrer. Ich möchte hier vor allem meinen Mathematik- und Musiklehrer Studienrat Mehlhose als wunderbaren Menschen und auch beeindruckenden Pianisten und Organisten hervorheben, den ich auch auf der Silbermann-Orgel im benachbarten Crostau erleben konnte. Auch meinen Chemielehrer Georg Hickmann möchte ich nennen, der mein besonderes Interesse für Chemie weiter förderte und mein zunächst sehr ungestümes Experimentieren in solide, wissenschaftlich fundierte Bahnen lenkte, was mir im späteren Studium sehr geholfen hat. Und auch Deutschlehrer Studienrat Wicke möchte ich hervorheben, dem wir eine strenge Erziehung zu guter deutscher Sprache und logischem Denken zu verdanken haben, gestützt auf Klarheit und Deutlichkeit der Gedanken und des Ausdrucks sowie Beherrschung der Grammatik. *„Schlechte Sprache zeugt von schlechtem Denken"*, war einer seiner Leitsätze. Später fand ich ihn bei dem französischen Sprachwissenschaftler und Lehrer für Grammatik Nicolas Beauzée (1717–1789) bestätigt, der unter anderem schrieb: *„Die Sprache ist eine Art Bild, dessen*

Original das Denken ist.“ Was heute mit der deutschen Sprache durch unnötige, zum Teil auch dumme und arrogante Nutzung von Anglizismen und durch Nichtbeachtung bzw. Nichtbeherrschung der Grammatik geschieht, z. T. auch peinliche Wichtigtuereien, kann meines Erachtens nur als unverantwortbare Sprachverwilderung bezeichnet werden, womit die deutsche Sprache mehr und mehr ihre Identität und ihre Bedeutung als Kulturgut verliert und wodurch auch viele Schönheiten unserer Sprache verloren gehen. Und das in einem Land, in dem die deutsche Sprache, unsere Sprache also, vor allem durch Goethe, Gottsched, Herder und auch Lessing, Namensgeber meiner Volksschule, geprägt worden ist.

1948–1949
Ottendorf: Überschiebung, Neulehrer, Bauerntöchter

Nach 13 Jahren Schülerdasein, von 1935 bis 1948, wollte ich nun auch einmal Lehrer sein.

Ein bisschen „Lehrer“ hatte ich ja schon in Löbau im Lehrerseminar gelernt, und vielleicht war auch noch ein wenig Lehrerblut meines Urgroßvaters in mir. Daher bewarb ich mich 1948 nach dem Abitur in Bad Schandau in der Sächsischen Schweiz bei Schulamtsdirektor Oberstudienrat Erler, einem honorigen älteren Herrn guter alter Schule, um eine Stelle als Neulehrer. Nach Prüfung erhielt ich auch sofort eine Anstellung als Lehrer für Mathematik, Physik, Chemie und Biologie für etwa 80 Mark (Ostmark) monatlich, und zwar in der Achtklassen-Volksschule in Ottendorf.

Diese kleine, damals etwa 650-Einwohner-Gemeinde zwischen der bekannten Kunstblumenstadt Sebnitz im Norden und dem romantischen Kirnitzschtal in der hinteren Sächsischen Schweiz im Süden mit wunderbarem Blick auf die Schrammsteine und Affensteine gehört zum Teil auch zum „Nationalpark Sächsische Schweiz“.

Auch geologisch ist Ottendorf sehr interessant, denn es liegt mit seinem nördlichen Teil noch auf der sogenannten Oberlausitzer Granitplatte, einem magmatisch-vulkanischen Tiefengestein, wird aber südlich am Ortsausgang durch die Sandsteintafel der Sächsischen Schweiz begrenzt, ein 100 Millionen Jahre alter Meeresboden der Kreidezeit. Dieser geologisch scharfe Nord-Süd-Grenzbereich in Ottendorf wird daher „Lausitzer Überschiebung“ genannt, d. h., Lausitzer Granitstein schob sich durch vulkanische Gesteinsschmelze über die Sandsteinschicht eines ehemaligen Meeresgrundes.

Granit: Sie erinnern sich vielleicht: *Feldspat, Quarz und*

Glimmer, die drei vergess' ich nimmer! – Erwartungsvoll trat ich also im Herbst 1948 meine Reise zu dieser bzw. auf diese Überschiebung im kleinen Ottendorf an, um dort Lehrer zu werden, was aber nahezu an meinen alten Schuhen und Filzpantoffeln aus vorausgegangenen Internatszeiten gescheitert wäre, und das war so: Der Bürgermeister des Ortes hatte für mich zur Untermiete ein Zimmer im sehr vornehmen Haus mit Parkettfußboden meines Amtsvorgängers Lehrer Max Hille, einem sehr netten Menschen, und seiner Frau Hedwig, einer über grobkörnigem vulkanischem Granitstein geborenen peniblen Oberlausitzerin, zugewiesen. Sie konnte lustig, aber auch sehr streng und unnachgiebig sein, was zum Beispiel Besucher und deren Schuhwerk betraf, egal wer Einlass begehrte. Mit Straßenschuhen kam niemand in ihr Haus, auch ich nicht. So standen im Vorhaus für alle Besucher – Briefträger, Arzt, Schornsteinfeger, Gärtner, Paketbote, Handwerker, Bürgermeister, Sonstige und nun auch noch für den neuen jungen Lehrer – Filzpantoffeln jeweils passender Größe, für mich Nummer 40, wohlgeordnet in einem Regal aufgereiht und mit Namen versehen, und die Einlasskontrollen durch Hedwig nach Klingelzeichen waren immer sehr streng. Ohne ihre Genehmigung und ohne ihre Filzlatschen kam man nicht ins Haus. Ihrem Mann war das mitunter sehr peinlich, den Besuchern half das aber nicht. Es war eben die ungeschriebene granit-starrsinnige Hausordnung von Hedwig, die das für jedermann halt so vorschrieb wie auch als Gewinnerin häufiger Skatspiele. Sie regierte unangefochten nach ungeschriebener Hausordnung. Wir, ihr Mann und auch ich, nahmen es gelassen und hatten unsere Ruhe.

Mein pensionierter Amtsvorgänger und erfahrener Pädagoge Max Hille war ein sehr gutmütiger und liebenswerter Mensch mit einem kleinen Spitzbart und wohlgeformtem Bäuchlein. Wilhelm Busch hätte sich als Vorlage für ein lustiges Bild mit entsprechendem Text sicher sehr gefreut. Ihm, dem erfahrenen Dorfschullehrer Max Hille also, habe ich als unerfahrener Junglehrer wertvolle Hinweise zur Gestaltung des Unterrichts in der kleinen Dorfschule zu verdanken, und gelegentlich musizierten wir auch miteinander, er am Klavier und ich mit meiner Geige. Wir verstanden uns sehr gut: eine weitaus größere Harmonie als diejenige, die bei unseren musikalischen Interpretationen entstand.

Bei Altlehrer Hille und seiner Frau Hedwig folgte dann in Ottendorf ein Leben auf dem Lande in einer damals noch unbeschädigten Natur mit bescheidenen, rechtschaffenen und stets freundlichen Menschen, immer bereit, in den noch schwierigen Nachkriegszeiten Gaben zu teilen und uneigennützig zu helfen. *„Guten Tag Herr Lehrer, wie gefällt es Ihnen hier? Können wir Ihnen helfen, Herr Lehrer?"* gehörte zu den selbstverständlichen guten Sitten der Bewohner, und auch die Schüler beherrschten das respektvoll. Es waren nahezu ausnahmslos strebsame und auch sehr disziplinierte Schüler, mit denen zu arbeiten und sie, zwar selbst noch sehr jung, auf das spätere Leben vorzubereiten mir viel Freude gemacht hat. Auch ich habe dabei sehr viel für mein weiteres Leben gelernt.

Zurück zur Schule in Ottendorf, in der ich vor allem in der 7. und 8. Klasse Mathematik und Physik sowie Biologie häufig in freier Natur und Chemie als experimentelle Vorführungen unter Beteiligung der Schüler unterrichtete, was begeistertes Interesse fand, insbesondere in eigens dafür gegründeten kleinen Schülergemeinschaften.

Bald wurde mir auch klar, dass in einem so kleinen Dorf, auch etwas isoliert in ländlicher Umgebung, der Lehrer mit seiner Schule in vielerlei Hinsicht im Mittelpunkt des öffentlichen Lebens im Ort steht. So wurden „Aufbauwerke" nach dem Krieg wie auch kulturelle Veranstaltungen hauptsächlich von der Schule, d. h. von den Lehrern mit ihren Schülern organisiert, beispielsweise Sportspiele und die Pflege des Sportplatzes, die Betreuung der Bushaltstelle und des Denkmals für die „Krieger des Ersten Weltkrieges", die Gestaltung des Herbst- und Erntedankfestes, Gratulationen zu Hochzeiten und bei Geburten, Kondolenzen bei Sterbefällen sowie die Demonstration zum 1. Mai als „Kampftag der Arbeit".

Beliebt war im Ort auch das Geläut der Uhrenglocke im Türmchen eines sogenannter Dachreiters des schönen kleinen Schulgebäudes. Bei besonderen Anlässen, vor allem aber auch an Wochentagen mittags und abends, läutete dieses Glöckchen, um die Bauern zur Heimkehr von der Feldarbeit in den Stall und an den gedeckten bäuerlichen Tisch zu mahnen. Bedient wurde die Glocke jeweils von einem Schüler als Anerkennung und Lob für besonders gute Mitarbeit im jeweils vorausgehenden Unterricht. Das spornte die Schüler an, die Bauern auf den Feldern hatten ein gutes, geübtes Gehör dafür, auch Dankbarkeit, und waren daher auch immer pünktlich zu Hause bei der Bäuerin und den Kindern am Tisch, bei vielen auch mit Gebet!

Während meiner Ottendorfer Zeit waren Grundnahrungsmittel, also Milch und Milchprodukte, z. B. Butter, auch Fleisch und Backwaren, noch immer rationiert, wofür es monatlich Lebensmittelmarken gab, wie übrigens auch noch Bezugskarten für Textilien und Schuhe sowie „Tabakkarten" für Raucher. Es gab die ersten HO-Läden[2], u. a. mit teuren Bockwürsten ohne Lebensmittelmarken für Fleisch, das Stück für fünf Mark. Bei einem monatlichen Gehalt von etwa 80 Mark für einen Jungneulehrer hätte ich mir also pro Monat jeden zweiten Tag eine HO-Bockwurst leisten können, sonst nichts! Einmal habe ich es gemacht.

Da halfen, was Hunger und Speisungen für den „jungen, noch ledigen Lehrer" im Ort betraf, häufig Einladungen zu

---

2 *Handelsorganisation, ein in einer juristischen Form des Volkseigentums geführtes staatliches Einzelhandelsunternehmen in der DDR.*

Mittag- und Abendessen meist bei begüterten Bauern des Ortes. Von diesen hatten einige auch jüngere, nicht mehr schulpflichtige, zum Teil wirklich gut genährte, hübsche und dazu sehr nette Töchter, so in etwa in meinem Alter. Natürlich nahm ich die Einladungen an, meist auch sehr gern, zugegeben nicht immer nur des Essens wegen. Geschmeckt hat es meist sehr gut bei diesen gemeinsamen Speisungen, und satt bin ich natürlich ebenfalls stets geworden. Nur die Töchter waren mitunter nicht ganz zufrieden mit mir, häufig auch enttäuscht, denn bleiben, d. h. etwa gar ganz „hängen bleiben“, wollte ich bei ihnen in dem kleinen Ottendorf als Neulehrer und damit auch bei ihnen auf der geologischen Überschiebung keineswegs. Dabei blieb es auch, trotz einiger mutmaßlicher Enttäuschungen und Erwartungen. Noch wollte ich ja studieren, also weg von Ottendorf.

Zu Beginn meiner Tätigkeit als Neulehrer in Ottendorf 1948 war Deutschland noch in vier Besatzungszonen aufgeteilt. 1946 waren unter dem Druck der sowjetischen Besatzungsmacht SPD und KPD zur SED zwangsvereinigt worden. 1949 wurde die DDR gegründet.

Als politisch interessierter junger Mensch und nach schlimmen Nazizeit- und Kriegserlebnissen glaubte ich damals, auch am Aufbau einer neuen, einer wirklich demokratischen Gesellschaftsordnung in Deutschland mitwirken zu müssen, auch aus Verantwortung als Lehrer. Daher trat ich 1949, also noch während meiner Tätigkeit als Neulehrer in Ottendorf, in die SED ein. Es war, wie ich bald erkennen musste, eine mich nicht überzeugende Parteidiktatur. Für mich eine große Enttäuschung, sodass ich fünf Jahre später nach eigenem Antrag aus der SED wegen nicht konformer Befolgung der „führenden Rolle der Arbeiterklasse der DDR“ ausgeschlossen wurde.

Im Sommer 1949 bewarb ich mich um einen Studienplatz an der Pädagogischen Fakultät der damals Technischen Hochschule in Dresden und hatte auch gleich Erfolg. Ich wollte ein Pädagogik-Vollstudium absolvieren. Ein neuer Lebensabschnitt stand bevor. 1949 zog ich nach Dresden, um zu studieren. Ein Wunschtraum ging in Erfüllung.

1949–1953
Dresden und Leipzig: Nicht glückloser, glücklicher Student

Im Sommer 1949, also noch in Ottendorf als Neulehrer, bewarb ich mich für das Studium an der Pädagogischen Fakultät der Technischen Hochschule in Dresden, da ich mir nach Lehrerseminar, Abitur und Schuldienst als Neulehrer gute Chancen für einen Studienplatz versprach. Ich wurde auch sofort für das anstehende Herbstsemester 1949 immatrikuliert. So begann für mich mit dem Übergang vom bisher mehr oder weniger beschaulichen Landleben als Kind, Jüngling, Schüler und Neulehrer zum Leben in der Großstadt ein auch in dieser Hinsicht neuer Lebensabschnitt.

Die inhaltliche Gestaltung für das Studium in Dresden mit Vorlesungen, Seminaren und Praktika war zunächst nicht leicht, denn semestergebunden vorgeschriebene „Stundenpläne", wie das bisher in Schulen üblich gewesen war, gab es damals nicht, heute gibt es sie in verschiedenen Studiengängen wohl mehr oder weniger wieder. Vielmehr mussten wir uns damals durch einen Wust von Ankündigungen für Vorlesungen, Praktika und Seminare aller möglichen Fachgebiete hindurcharbeiten, um einen für die Anfänge und die anstehenden Prüfungen geeigneten Plan zur Gestaltung des Studiums zu finden. Zunächst schrieb ich mich für Vorlesungen und Praktika vor allem für Zoologie bei Professor Prell, für Anorganische Chemie bei Professor Simon, für Analytische Chemie bei Professor Menzel und für Physik bei dem prüfungsgefürchteten Professor Recknagel ein, ebenso für Kollegs bei dem Schriftsteller Ludwig Renn – sein Buch, betitelt *Krieg*, war 1928 ein Welterfolg – und auch bei dem Romanisten Viktor Klemperer, bekannt u. a. durch seine Tagebücher *Ich will Zeugnis ablegen bis zum Letzten.* Es waren beeindruckende Vorlesungen und Seminare.

1949 lag das Zentrum der Altstadt von Dresden infolge der schweren Luftangriffe am 13./14. Februar 1945 zum großen Teil noch in Trümmern. So führte mich der tägliche Weg von Dresden-Mitte zur Hochschule noch immer durch meterhohe Trümmerberge mit Kennzeichen furchtbarer menschlicher Schicksale: Frauenkirche, Zwinger mit Gemäldegalerie, Katholische Hofkirche und Residenzschloss mit Grünem Gewölbe lagen noch in Trümmern, und die ehemalige Prager Prachtstraße hin zum Hauptbahnhof und zur Hochschule war ebenfalls beidseitig noch von Ruinen gesäumt.

Trotz der Kriegsfolgen gab es 1949/50 in der Kunststadt Dresden schon wieder ein bemerkenswert kulturelles Leben, das zum Teil noch auf glanzvolle Zeiten in der ersten Hälfte des 20. Jahrhunderts zurückging. Im „Großen Haus" erlebte ich beispielsweise die Dirigenten Joseph Keilberth und Rudolf Kempe, die Sängerinnen Elisabeth Reichelt, Elfriede Trötschel und die Sänger Kurt Böhme, Gottlob Frick und auch den noch sehr jungen Theo Adam sowie im „Schauspielhaus" die unvergessene Manja Behrens als Margarethe in Goethes *Faust.* So war Dresden, von Johann Gottfried Herder „das deutsche Florenz" genannt, trotz der furchtbaren Zerstörungen noch im Februar 1945 für mich auch kulturell ein gelungener und nunmehr erinnerungsreicher Einstieg in mein Studentenleben in einer Großstadt.

Der Winter 1949/50 war ein sehr strenger Winter. Ich wohnte zu dieser Zeit mit einem Kommilitonen aus meinem Heimatort Neukirch, er studierte Physik, als Untermieter in einem Zimmer der Wohnung eines Rentnerehepaares in Dresden-Mitte. Nach den Wochenenden schleppten wir von zu Hause in Neukirch in Rucksäcken, Koffern und Reisetaschen Holz und Brikettkohlereste mit nach Dresden, um wenigstens für ein paar Tage den alten Kachelofen in unserer Studentenbude einigermaßen beheizen zu können. Am lauwarmen Ofen und mit Wintersachen bekleidet lernten wird so für das Studium, und das nicht ohne Erfolg, denn die ersten Praktika und Prüfungen in Chemie und Physik bestand ich mit „gut“ bis „sehr gut“, auch bei dem Physiker Professor Recknagel, ein gefürchteter Stolperstein für Prüfungen.

Meinen studentischen Lebensunterhalt in Dresden und Kosten für Lehrbücher konnte ich neben einem bescheidenen Stipendium zunächst noch mithilfe eines kleinen Salärs für Unterricht in Stenografie in einer Volksschule in Dresden-Loschwitz bezahlen. Ich hatte diese Kurzschrift bereits während meiner Volksschulzeit in der Neukircher Oberlausitz bei Lehrer Lehmann gelernt und nutze sie gelegentlich auch heute im Computer-Zeitalter noch.

1950 wurde die Pädagogische Fakultät der TH Dresden an andere Universitäten verlegt.

Also wohin nun? Es blieb uns überlassen. Mit Faibles für Historisches hatte ich Leipzig im Sinn, eine ursprünglich slawische Siedlung, Zentrum des bürgerlichen Barock sowie die 1409 gegründete „Alma Mater Lipsiensis“ (AML), die neben Heidelberg und Würzburg zu den drei ältesten Universitäten in Deutschland gehörte. Und durch Leipzig führt, wie durch meinen Geburtsort Gersdorf auch, die Via Regia (s. S. 10). Also Verbindung zu meiner Heimat. Und nach „Frosch“ in Goethes *Faust* (Szene in Auerbachs Keller; Goethe hatte ja von 1765–1768 in Leipzig studiert) ist Leipzig ja auch ein *„Klein-Paris“*, das *„seine Leute bildet“*.

Gleichwohl reizte mich Leipzig mit Johann Sebastian Bach, Felix Mendelssohn-Bartholdy, Robert und Clara Schumann, Richard Wagner und Max Reger, Letzterer als Universitäts-Musikdirektor, sowie dem berühmten Gewandhausorchester unter Franz Konwitschny. Und der aus meiner heimatlichen Oberlausitz stammende Kamenzer Gotthold Ephraim Lessing hatte sich über Leipzig ja so geäußert: *„Ich komme nach Leipzig, an den Ort, wo man die ganze Welt im Kleinen sehen kann.“* Also Leipzig!

Und noch eins: Leipzig reizte mich auch wegen der Nähe zu meiner Heimat im Oberlausitzer Neukirch mit dem lockenden Essensangebot an Mutters gedecktem Tisch, wovon ich an Wochenenden nicht selten Gebrauch machte und das natürlich immer besser schmeckte als das Mensaessen, wofür man damals zum Teil sogar noch Lebensmittelmarken abgeben musste.

In Leipzig wohnte ich zur Untermiete im historisch-kulturellen Zentrum der Stadt, u. a. im Gewandgässchen gleich hinter der alten Uni, dem Augusteum, neben Auerbachs Keller, dem wohlbekannten historischen Café Hennersdorf und nahe der Thomaskirche. Ich fühlte mich, umgeben von Geschichte, sehr wohl. Wahrnehmung und Erleben von Tradition und Kultur waren für mich für die Gestaltung meines Lebens immer sehr wichtig.

Und alten akademischen Traditionen folgend feierten wir in Leipzig als Studenten auch mit *Gaudeamus igitur* sehr gern. Wir nutzten dafür sehr gern bekannte traditionsreiche Studentengaststätten, unter anderem den Fasskeller in „Auerbachs Keller“ sowie das historische, erstmals 1556 erwähnte „Coffee Baum“ in der kleinen Fleischergasse, ältestes Kaffeehaus Deutschlands, in dem u. a. schon Johann Wolfgang von Goethe, Gotthold Ephraim Lessing, Johann Sebastian Bach, Robert Schumann, Franz Liszt, Richard Wagner, Gustav Mahler verkehrten, ebenso August der Starke und Napoleon. Dort konnten wir gelegentlich auch unseren damaligen beliebten Universitätsrektor Professor Georg Mayer antreffen, und dann gab es mitunter *„für die armen Studenten“*, wie er so immer bestellte, auch Freibier. Natürlich liebten wir Magnifizenz sehr!

Mein Studium an der Mathematisch-Naturwissenschaftlichen Fakultät und zum Teil an der Medizinischen Fakultät der Universität Leipzig konzentrierte ich neben Chemie, u. a. bei dem bekannten Professor Treibs und bei Professor Wolf, sowie Physikalische Chemie bei Professor Staude, Vater unseres Bucher Arztes Dr. Staude, sowie allgemeinbiologischen Fächern wie Botanik und Zoologie vor allem auf medizinische Disziplinen: Mikrobiologie, Vergleichende Anatomie, Embryologie, Physiologie und Biochemie, Pharmakologie und Toxikologie sowie Parasitologie und Bakteriologie.

Die Genetik, ein Wissenschaftsgebiet, auf dem Deutschland einst zu den führenden Ländern gehörte, geriet in den 1950er-Jahren in der DDR zunehmend unter den politisch SED-diktierten Einfluss der Pseudogenetik des sowjetischen Agronomen Trofim Lyssenko. Leider war auch der Leipziger Zoologe Professor Werner, der ansonsten gute Vorlesungen über Vergleichende Anatomie und Embryologie hielt, ein Anhänger und strenger Verfechter des pseudowissenschaftlichen Lyssenkoismus. Es war daher für mich auch die einzige Prüfung, die ich nur mit „befriedigend“ bestand, weil ich dem Professor bei der Frage „Warum ist die Chromosomentheorie der Vererbung falsch?“ nicht folgen konnte. Sie war eben wirklich nicht falsch.

Nachhaltig beeindruckt haben mich in Leipzig insbesondere die Vorlesungen des bekannten Philosophen Ernst Bloch über die Geschichte der hellenistischen und mittelalterlichen Philosophie, auch eine Philosophie der „Hoffnung und der Humanisierung des Lebens“. Um einen Platz im Augusteum der alten Universität zu bekommen, musste man schon sehr, sehr früh aufstehen, denn meist begann er im Sommersemester morgens 7 Uhr. Es waren beeindruckende Kollegs, die man nicht beschreiben kann, die man erlebt haben muss!

Übrigens schwärmte auch unser ehemaliger verehrter Bucher Pfarrer Hüttel von Heidenfeld von Ernst Bloch, wenn wir hier noch nach etwa 50 Jahren über Blochs Vorlesungen sprachen.

Wie schon in Dresden, war ich natürlich auch in Leipzig sehr am kulturellen Leben der Stadt interessiert. So standen auf meinem Programm ziemlich regelmäßig Konzerte des Gewandhausorchesters unter Franz Konwitschny und des Rundfunk-Sinfonieorchesters unter Hermann Abendroth, die Motetten mit Thomaskantor Günther Ramin in der Thomaskirche sowie Konzerte in der Universitätskirche St. Pauli unter Universitätsmusikdirektor Friedrich Rabenschlag gleich neben dem Augusteum.

Im Frühjahr 1953 war mit dem 8. Semester meine Zeit als Student in Leipzig mit vielen wissenschaftlichen und menschlichen Bereicherungen zu Ende, denn ich wollte in Berlin-Buch im Akademieinstitut für Medizin und Biologie meine Diplomarbeit machen, da ich in Leipzig kein Institut fand, in dem ich als angehender Naturwissenschaftler auf dem Gebiet der medizinischen Krebsforschung hätte arbeiten können, was ich aber unbedingt wollte. Mein Credo war „Krebs als biologisches Problem“, also wollte ich nach Buch.

Vermittelt haben das dann neben dem Leipziger Biochemiker Dr. Hilgetag, bei dem ich vier Semester „Biochemie“ belegt hatte, der bekannte Zoologe Professor Dr. Gersch sowie vor allem mein von mir sehr verehrter Leipziger Medizin-Biochemie-Professor Dr. Dr. Erich Strack, der mich auf seinen ehemaligen Schüler, den Krebsforscher Professor Arnold Graffi, in Berlin-Buch aufmerksam machte und mich schließlich mit seinen *„besten Grüßen an den Herrn Graffi“* zu ihm nach Buch schickte. Graffi hatte u. a. auch in Leipzig studiert.

Also fuhr ich im Mai 1953 mit dem Zug von Leipzig nach Berlin Anhalter Bahnhof im Westsektor der geteilten Stadt, denn eine Mauer quer durch Berlin gab es noch nicht, und von dort mit der S-Bahn über Potsdamer Platz und Gesundbrunnen nach dem ländlichen Buch im Norden Berlins, ein vor allem durch Krankenhäuser und dem damaligen „Institut für Medizin und Biologie der Deutschen Akademie der Wissenschaften zu Berlin“ mir bekannter Vorort von Berlin. Dort wollte ich gern mein Studium mit der Diplomarbeit auf dem Gebiet der Krebsforschung bei dem bekannten Professor Arnold Graffi abschließen. Und so geschah es 1953 dann auch. Ich fuhr also nach dem im nördlichen Teil von Berlin gelegenen Berlin-Buch.

Das Wasser des Bächleins „Weißer Schöps“ aus meinem Geburtsort Gersdorf bei Görlitz des Jahres 1929 war inzwischen ganz sicher schon viele, viele Male in Berlin angekommen – nun auch ich 25 Jahre später in Berlin-Buch, und ich gedenke, Bucher Bürger bis zum Ende meines irdisches Daseins zu bleiben, wann immer es sein möge!

Die Bucher Jahre:
Rückblicke und Miterleben.
Geschichte und Geschichten

1953
Ankunft in Berlin-Buch: Erste Eindrücke

Als chemisch und biologisch, auf einigen Gebieten während meines Studiums in Leipzig auch etwas medizinisch ausgebildeter Biologe und Biochemiker interessierte mich die Krebsproblematik neben ihren vielfältigen medizinischen Aspekten sehr bald als ein in den Grundzügen auch zellbiologisches Thema. Daher plante ich, auf diesem Gebiet meine Diplomarbeit „zu machen“, wie wir das als Studenten so nannten. Das war aber an der Universität Leipzig nicht möglich, und so empfahlen mir mein dortiger Biochemielehrer Professor Erich Strack und der Chemiker Dr. Hilgetag, später auch Professor an der Universität Berlin, sowie der bekannte Zoologe und Zellbiologe Professor Manfred Gersch von der Universität Jena, früher auch Leipzig, nach Berlin-Buch zu gehen, um am dortigen Akademieinstitut für Medizin und Biologie bei dem bekannten Krebsforscher Professor Dr. Arnold Graffi die experimentellen Arbeiten für meine Diplomarbeit „zu machen“, wie es so hieß. Dieses Institut war mir allerdings zunächst noch nicht näher bekannt. So recherchierte ich in der Leipziger „Deutschen Bibliothek“, Internet gab es damals natürlich noch nicht, und fand heraus, dass es in Berlin-Buch in der Nachfolge eines Instituts für Hirnforschung der Kaiser-Wilhelm-Gesellschaft (KWG) ein „Institut für Medizin und Biologie der Akademie der Wissenschaften“ gibt, in dem vor allem das Krebsproblem bearbeitet wird.

Also machte ich mich auch bald mit dem Zug, damals noch mit kräftig rauchender Dampflokomotive vom Typ 03, von Leipzig über Bitterfeld und Lutherstadt Wittenberg nach Berlin Anhalter Bahnhof im Westsektor der geteilten Stadt auf den Weg. Von dort fuhr ich dann mit der S-Bahn Richtung Bernau über Gesundbrunnen, eine Berlin teilende Mauer gab es

1953 ja noch nicht, weiter nach dem ländlichen Berlin-Buch, nördlicher Vorort von Berlin hinter Pankow. Das war etwa Anfang Mai 1953.

Schließlich am S-Bahnhof in Buch angekommen, machte ich mich, Ziel Akademieinstitut für Medizin und Biologie, auf den Weg, zunächst begleitet von einer ortskundigen, sehr netten älteren Dame. Vorerst nach rechts und sodann gleich nach links abbiegend im historischen Dorfkern durch einen Park, den Schlossgarten, zu dieser Zeit noch mit Orangerie, wenn ich mich recht erinnere, auch noch mit burgartigem Anbau (1958 abgerissen), sodann Julie-von-Voß-Gedenkstein (1956 abgerissen) sowie dem barocken Schloss (abgerissen 1964). Dann gingen wir vorbei an der Barockkirche, erbaut 1731 bis 1736, nach Zerstörung im Zweiten Weltkrieg zwischen 1950 und im März 1953 teilweise wiederaufgebaut, allerdings ohne Turm, so wie auch heute noch. Nunmehr, die alte Dorfaue überquerend, gingen wir weiter vorbei an dem alten Küsterhaus, ehemals Dorfschule, ein kleines Haus in Backsteinkultur aus dem Jahr 1886. Gegenüber die historische Gaststätte „Schlosskrug", erbaut 1823, der Tradition verbunden mit Theodor Fontane, jetzt neudeutsch „Il Castello" genannt. Ob sich Fontane, einer der bedeutendsten deutschen Feuilletonisten, darüber freuen würde, bezweifle ich sehr. Auch mich ärgert es.

Hinter dem Schlosskrug befand sich ein roter Backsteinbau, die „Ausspanne" für Pferdekutschen, gegenüber der Gutshof, damals noch mit Stallungen und landwirtschaftlichen Gerätschaften, heute Künstlerateliers, Geschäftsräumen und einem Hotel.

Sodann links abbiegend ging ich weiter, nunmehr allein, auf einem staubigen Pflasterweg, dem Lindenberger Weg. Hier rechts begleitet zunächst von der nach Plänen von Ludwig Hoffmann Anfang der Zwanzigerjahre des vorigen Jahrhunderts erbauten „Städtischen Siedlung" und sodann noch landwirtschaftlich genutzten Feldern. Die meteorologische Station gab es noch nicht. Linker Hand beeindruckten mich die Backsteinbauten im Stil des holländischen Frühbarock des Hufeland-Krankenhauses.

Schließlich rechter Hand am Akademieinstitut für Medizin und Biologie im damals noch ländlichen Berlin-Buch angekommen, wurde ich zunächst von Institutsdirektor Professor Dr. Walter Friedrich, bekannter Biophysiker, in Manier guter alter Schule sehr freundlich empfangen. Friedrich, vornehm gekleidet in dunklem Anzug und weißem Hemd mit Fliege sowie eine dicke Zigarre rauchend, eines seiner typischen Markenzeichen, wozu gelegentlich auch ein Gläschen guten Kognaks gehörte, examinierte mich über mein Wissen des Instituts sowie meine Pläne bei Professor Graffi. Sodann wurde ich, offensichtlich mit mir zufrieden, von ihm mit *„guten Wünschen und Grüßen an den Herrn Professor Graffi"* sehr freundlich verabschiedet. „Professor" betonte er sehr. Heute hätten unsere Studenten gewiss Schwierigkeiten damit.

Nun ging es, eine Etage tiefer, weiter zu Professor Graffi, Leiter der Abteilung für Biologische Krebsforschung, der mich gleichfalls sehr freundlich empfing, etwas leger gekleidet mit Cordhose, buntem Hemd ohne Krawatte, offener Windjacke und etwas lockerem Haar. Hätte auch der Hausmeister oder ein Gärtner sein können. Darüber zunächst etwas überrascht, natürlich habe ich ihn mit „Herr Professor" angesprochen, hätte ich beinahe meine Fassung verloren und meinen wohlpräparierten Text vergessen, mit dem ich mein Anliegen vortragen wollte. Er befragte mich zunächst über Professor Strack an der Universität Leipzig, seinen ehemaligen und nun auch meinen akademischen Biochemielehrer. Ich fühlte mich bald irgendwie zu Hause, und so ging es also auch gleich los. Ich versuchte so gut wie möglich meine Wünsche vorzutragen. Ganz schlecht war es offensichtlich nicht, denn die für mich schließlich wichtige und gleichermaßen auch erlösende Frage von dem Professor war: *„Wann wollen Sie anfangen?“* – *„Natürlich sofort“*, so meine klare Antwort. Und so folgte ab 1. Juni 1953 ein wissenschaftlich und menschlich vertrauensvolles Miteinander mit Diplom, Promotion, Habilitation, vielen gemeinsamen Publikationen auf verschiedenen Gebieten der Krebsforschung sowie ab 1962 sein Stellvertreter als Direktor des Instituts für Experimentelle Krebsforschung und schließlich eine stets treue, wunderbare, außerdem durch klassische Musik verbindende Freundschaft bis zu seinem Tod 96-jährig im Jahr 2006, und ich war inzwischen bereits 77 Jahre alt.

Buch, so lernte ich in meinem Bemühen, meine neue Heimat nun etwas näher kennenzulernen, wurde erstmals urkundlich 1342 als Wendeschen Buk erwähnt, hatte nunmehr eine mehr als 3.000-jährige Geschichte, geprägt zunächst seit der späten Bronzezeit bis etwa Ende des 5. nachchristlichen Jahrhunderts durch Germanen, sodann seit dem Ende des 6. Jahrhunderts durch heidnische Slawen, vielleicht auch Vorfahren von mir, und danach ab dem 12. Jahrhundert, d. h. nach der Christianisierung, hauptsächlich durch deutsche Besiedler.

Buch, so wusste ich auch sehr schnell, liegt an der Eisenbahnlinie Berlin-Stettin, kurz vor dem nördlichen Bernau an dem südlich davon quellenden Bächlein Panke, später, noch vor Karow und Pankow, nahezu ein kleines Flüsschen. Schließlich nimmt in Berlin die Spree, die ihr Quellgebiet in meiner heimatlichen Oberlausitz hat, am Schiffbauerdamm in Berlin das Wasser der durch Buch fließenden Panke auf, eine für mich wunderbare Vereinigung von Wasser der Spree aus meiner Heimat, in der ich 1929 geboren wurde, und dem Wasser der Panke in Berlin-Buch, wo ich nunmehr wohnte, mit 24 Jahren.

Als ich 1953 hier ankam, hatte Buch, damals noch immer von den erst 1986 geschlossenen Rieselfeldern umgeben, etwa 8000 Einwohner und war zum Teil noch ein bäuerlich und bürgerlich geprägtes märkisches Angerdorf. Hier gab es u. a. ein beliebtes Kolonialwarengeschäft von Kaufmann Krüger, eine Arztpraxis und das Restaurant „Zur Tanne“ im östlichen Teil, sowie, dem Gemeindehaus westlich folgend, mit Bestattungshaus, Drogerie und einem Textilgeschäft, die 1955 gegründete LPG „Frohe Zukunft“, einen Reiterhof und eine Gaststätte mit Nachtbar. All dies wurde 1976 zugunsten fünf- und elfgeschossiger Betonplattenbauten gegen Proteste der Bevölkerung abgerissen. Im Gebäude der heutigen „Berliner Sparkasse“ befand sich damals noch das 1908 bis 1910 nach Plänen von Ludwig Hoffmann erbaute „Kaiserliche Postamt“.

Die alte Bucher Dorfaue hatte damit ihren historischen Kern mit Häusern aus der Gründer- und Jugendstilzeit sowie historischen Kossäten- und Vierseitenhöfen ihren besonderen Charme verloren. Durch dadurch bedingte gesellschaftliche Umschichtungen veränderten sich auch Lebensgewohnheiten und Wohnkulturen. Organisator einer heftigen Protestaktion gegen das Werk der Abrissbirne war u. a. der bekannte Professor Dr. Karl Lohmann vom Bucher Akademieinstitut für Medizin und Biologie. Ihm folgten leidenschaftlich viele Mitarbeiter des Instituts, ich auch – leider umsonst.

Vom Bahnhof Buch führend gab es damals, d. h. 1953, auch noch die über elektrische Oberleitung versorgte Betriebsbahn quer über Karower Chaussee und Lindenberger Weg zum Werk Buch mit den beiden, weithin sichtbar viereckigen Ziegelstein-Schornsteinen. Die Bahn schaffte die notwendige Kohle, später Heizöl, für das Heizwerk Buch heran. Der Lindenberger Weg war gleich hinter der Robert-Rössle-Klinik gesperrt, streng bewacht von bewaffneten Grenzsoldaten mit Maschinenpistolen. Diesseits war Berlin – jenseits die „Zone“. Auf dem Gutshof Buch gab es noch die alte Brennerei mit einem großen, das historische Gelände markierenden Schornstein, der 1954 abgerissen wurde. Dieses Gebäude diente im

Zweiten Weltkrieg als „Zwangsarbeiterwohnhaus“ sowie Unterkunft auch für Kriegsgefangene. Auf dem Feld rechts neben der Chaussee nach Karow gab es von der Sowjetarmee benutzte Kartoffelbunker, und nahe S-Bahnhof Buch gab es im Restaurant „Hubertus“ mit Tanzsaal ein Kino. Am Ende des Viereckweges gab es noch den 1903 eingerichteten und bis 1974 genutzten sogenannten Kolonie-Friedhof XI mit einer kleinen Kapelle im neogotischen Stil, die 1984 abgerissen wurde. Und wo sich heute nahe S-Bahnhof ein Einkaufszentrum mit großräumigem Parkhaus und Parkplatz befindet, konnte man sich an Pferden auf freier Koppel erfreuen, und dort, wo man derzeit asiatisch speisen kann, konnte man bei einem Händler Kohlen kaufen.

Am Ortsausgang von Buch Richtung Karow (nunmehr Ecke Wolfgang-Heinz-Straße) gab es in den 1950er-Jahren noch Reste eines Flugabwehrbunkers mit Wehrmachtsbaracken, in denen damals meiner Erinnerung nach noch Kriegsflüchtlinge wohnten. In Karten von Buch aus dem Jahr 1952 sind diese als ehemals „Bauhof“ verzeichnet. Im Zweiten Weltkrieg gehörte Buch also offensichtlich zum äußeren Luftverteidigungssystem von Berlin mit einer Flugabwehrstellung (Flak) zwischen Buch und Karow, einer Scheinwerferstellung im Bereich der Bucher Kolonie am Dranweg/Hörstenweg und einer Horchstation der Luftwaffe auf dem Wasserturm des Ludwig-Hoffmann-Krankenhauses. So gingen am 18. November 1943 bei einem schweren Luftangriff britischer Flugzeuge auf Berlin Bomben im Flak-Sperrfeuer auch auf Buch nieder, wodurch die Schlosskirche getroffen wurde und ausbrannte, ebenso u. a. das alte strohgedeckte historische Hirtenhaus Alt-Buch.

Als ich 1953 in Buch ankam, gab es im Schlosspark noch das denkmalgeschützte Barockschloss, das 1964 gegen jegliche Vernunft und Proteste der Bevölkerung sowie ohne Beschluss einer Volksvertretung abgerissen wurde. SED-Funktionäre beriefen sich auf Antifeudalismus-Aktionen, unter anderem auf einen Beschluss der führenden Partei von 1948, in dem u. a. ausgeführt wurde: *„Der Abriß von Adelsschlössern darf nicht nur unter dem Gesichtspunkt betrachtet werden, Baumaterialien für Neubausiedlungen zu gewinnen. Viel wichtiger ist, so weit als möglich, die Spuren der Junkerherrschaft auf dem Dorfe zu vernichten.“* Was für eine Unkultur, die auch noch System hatte!

Wie sah nun der Biomedizinische Forschungscampus am Lindenberger Weg aus, Ziel meiner Reise 1953, als ich erwartungsvoll und neugierig hier ankam? Es gab lediglich das repräsentative, 1928 bis 1930 nach Plänen des Münchener Architekten Professor Carl Sattler erbaute sechsgeschossige Laborgebäude des Instituts für Hirnforschung mit dem sogenannten Genetischen Vivarium des bekannten russischen Genetikers Timoféeff-Ressovsky der damaligen Kaiser-Wilhelm-Gesellschaft, geschmückt mit dem Kopf der Minerva von Carl Ebbinghaus, römische Göttin der Weisheit und der schönen Künste sowie Symbol der Kaiser-Wilhelm-Gesellschaft über dem Eingang des Institutsgebäudes. Es gab die etwas erweiterte ehemalige Klinik der Hirnforschung, nach 1945 Geschwulstklinik, später Robert-Rössle-Klinik, es gab das Vogt'sche Direktorenhaus, in dem 1953 Professor Walter Friedrich und Professor Karl Lohmann wohnten, später Professor Gummel, Direktor und Chefarzt der Robert-Rössle-Geschwulstklinik, und es gab das Mitarbeiterhaus, in dem u. a. der Krebsforscher Professor Graffi, der Biochemiker Professor Negelein, Professor Wildner, Schöpfer des „Krebsregisters“, und der bekannte Anästhesist Dr. Lothar Barth ihr Zuhause hatten. Ferner gab es das nach dem Willen von Professor Walter Friedrich, Schüler von Wilhelm Conrad Röntgen, 1953 nahezu fertiggestellte Neutronenhaus für Biophysik auf dem Gelände, dort, wo vorher eine prachtvolle große Kapelle stand, die törichterweise 1951 gesprengt worden war, ein Bau des Berliner Architekten Ludwig Hoffmann für einen in Buch geplanten „Neuen Berliner Gemeindefriedhof“. Und es gab bzw. gibt auch heute noch zwei weitere alte Häuser auf dem Campus aus dieser Zeit, das Torhaus und das Wirtschaftsgebäude, ebenfalls Ludwig-Hoffmann-Bauten für den geplanten Friedhof. Im Torhaus wohnten zunächst Mitarbeiter des Kaiser-Wilhelm-Instituts für Hirnforschung, u. a. der bekannte russische Genetiker Timoféeff-Ressovsky mit Frau und zwei Söhnen, und später, d. h. nach 1945, Mitarbeiter des Akademieinstituts für Medizin und Biologie, u. a. Professor Jung. Es dient jetzt u. a. der Jeanne-Mammen-Galerie und dem Café Max. Das Wirtschaftsgebäude, vormals u. a. Pferdestall und Remise für die Gärtnerei des geplanten Friedhofs, beherbergt jetzt u. a. das von der BBB Management GmbH im Wissenschaftscampus betriebene „Gläserne Labor“, ein begehrtes Lern- und Übungslabor für Chemie und Biologie.

In Vorbereitung auf meinen Besuch in Buch 1953 hatte ich mich literarisch schon etwas über dieses Forschungsinstitut informiert. So erfuhr ich, dass in dem Institut in Berlin-Buch am Lindenberger Weg medizinisch-biologische Forschung bereits in zweiter Generation betrieben wird, und zwar zunächst von 1930 bis 1945 im Institut für Hirnforschung der KWG und nach dem Zweiten Weltkrieg ab 1947/48 in medizinisch-biologischen Instituten der Deutschen Akademie der Wissenschaften zu Berlin, Ziel meiner Reise nach Berlin, verbunden mit der Absicht, hier zu arbeiten.

So war ich natürlich auch an der Geschichte der Hirnforschung in Buch sehr interessiert und daher, getreu dem Sprichwort *„ohne Geschichte bleibt man ein unerfahrenes Kind“*, beschäftigte ich mich zumindest ein wenig auch damit, denn wir arbeiteten in den Laboratorien dieses ehemals international bekannten Instituts und der Klinik, nutzten zum Teil noch

Gerätschaften und die Bibliothek aus dieser Zeit, die ehemals neurologische Klinik diente nunmehr der Betreuung Krebskranker, und fühlten uns daher zutiefst der Medizin- und Wissenschaftsgeschichte dieses Instituts, die auch eine Institution war, verpflichtet, worüber ich im folgenden Kapitel zumindest einiges mitteilen möchte.

1930–1945
Kaiser-Wilhelm-Institut für Hirnforschung: Eine Rückschau

1898 hatte der Nervenarzt Dr. Oskar Vogt in Berlin in der Magdeburger Straße 16 eine private „Neurobiologische Zentralstation“ zum Studium der Struktur und Funktion des Gehirns gegründet, die 1902 als „Neurobiologisches Laboratorium“ in die Medizinische Fakultät der Berliner Friedrich-Wilhelms-Universität eingegliedert wurde.

1914 beschloss sodann die KWG zur Förderung der Wissenschaften die Gründung eines Instituts für Hirnforschung unter Einbeziehung des Vogt'schen Neurobiologischen Laboratoriums. Der Bau des Instituts für Hirnforschung der KWG sollte zunächst anlässlich des *„25-jährigen Regierungsjubiläums Seiner Majestät des Kaisers und Königs von Preußen“* vor allem durch die Mitglieder der Firma Krupp finanziert werden, welcher der bekannte Neurologe Oskar Vogt als Hausarzt verbunden war. Der Erste Weltkrieg und der Verfall der Krupp'schen Gelder während der Inflation verhinderten jedoch zunächst das Vorhaben. 1928/29 erfolgte sodann der Bau des Instituts mit Klinik vor allem mit Mitteln der amerikanischen Rockefeller-Stiftung in Berlin-Buch am Lindenberger Weg gegenüber dem Hufeland-Krankenhaus.

Bereits vorher, 1925, war Oskar Vogt als international bekannter Hirnforscher nach Moskau für wissenschaftliche Untersuchungen des Gehirns des am 21. Januar 1924 verstorbenen W. I. Lenin gerufen worden.

Erster Direktor des Bucher Instituts für Hirnforschung war also Professor Oskar Vogt, der bereits 1902 das Neurobiologische Laboratorium der Universität Berlin gegründet hatte, aus dem dann 1914 das Kaiser-Wilhelm-Institut für Hirnforschung mit Neubau 1928/30 in Berlin-Buch hervorging, das Oskar Vogt hier von 1930 bis 1935 und 1937 als Direktor leitete. Von den Nationalsozialisten aus politischen Gründen entlassen, ging Vogt sodann mit seiner französischen Ehefrau Cécile an das von ihm gegründete Institut für Hirnforschung und Allgemeine Biologie in Neustadt im Schwarzwald, dem er als Direktor bis zu seinem Tod am 31. Juli 1959 in Freiburg vorstand.

Die Wahl von Buch für den Bau des Kaiser-Wilhelm-Instituts für Hirnforschung mit Klinik in Berlin-Buch war zunächst nicht sicher, denn vorerst waren auch andere Orte vorgesehen, u. a. Berlin-Dahlem, München und, im Rahmen der „Reichsinitiative Ost“, auch Breslau. Oskar Vogt bestand aber auf Berlin-Buch. In einer Denkschrift zur Notwendigkeit des Neubaus eines Instituts für Hirnforschung in Berlin-Buch schrieb er 1927 u. a.: *„Durch die Zusammenarbeit des Hirnforschungsinstituts und den Städtischen Krankenanstalten* [in Berlin-Buch also] *würden sich Möglichkeiten ergeben, wie sie bisher in Europa nicht vorhanden sind“*, und am 25. Oktober 1929 erläuterte er in einem Dokument für eine „Arbeitsgemeinschaft mit der medizinischen Praxis“: *„Es heißt hier die Gelegenheit einer einzig in der Welt dastehenden Schöpfung nicht vorübergehen zu lassen.“*

1930 wurde sodann der Institutsneubau in Buch als damals weltweit größtes und modernstes Institut auf seinem Gebiet zur Inbetriebnahme übergeben und am 2. Juni 1931 mit einer Rede von Max Planck, Präsident der KWG, offiziell eingeweiht. Mit den in der Denkschrift angeführten „Städtischen Krankenanstalten“ war die am Anfang des 20. Jahrhunderts in Buch erbaute III. Irrenanstalt gemeint, 1926 in Heil- und Pflegeanstalt Buch umbenannt, später Hufeland-Krankenhaus des Klinikums Berlin-Buch.

Zur Zusammenarbeit zwischen dem Institut für Hirnforschung und den Bucher Städtischen Krankenanstalten wurde

u. a. ausgeführt: *„... wobei dem Institut für Hirnforschung das gesamte reiche Material der Anstalten für seine Forschung zur Verfügung steht, das Institut wiederum den Ärzten der Anstalten Gelegenheit zu wissenschaftlicher Arbeit gibt und ihnen bei der Lösung besonders schwieriger Fragen der Diagnose und Therapie behilflich ist."*

Mit der Machtübernahme in Deutschland durch die Nationalsozialisten 1933 traten auch im Institut für Hirnforschung bald Schwierigkeiten auf. Oskar Vogt reagierte darauf u. a. mit folgendem Institutsschreiben vom 17. Juli 1933: *„Eingriffe lokaler Parteiinstanzen in das Institut werden als Hausfriedensbruch verfolgt. Während der Dienstzeit hat jede politische Tätigkeit zu ruhen. Urlaub dafür kann nicht erteilt werden."*

Am 31. Juli 1935 wurde sodann durch den Reichsminister für Wissenschaft, Kunst und Volksbildung „kraft Gesetz" die Pensionierung von Oskar Vogt als Institutsdirektor zum 31. Oktober 1935 verfügt. Er leitete das Institut noch kommissarisch bis zum 31. März 1937, da sein Nachfolger Professor Hugo Spatz aus München nicht sogleich zur Verfügung stand. Zu den gegen ihn, d. h. Oskar Vogt, erhobenen Vorwürfen kommunistischer Gesinnung erwiderte er in einem Schreiben an den Präsidenten der KWG: *„Ich habe nie in meinem Leben einer politischen Partei angehört. Ich verfüge auch nicht über die dazu notwendigen Kenntnisse und habe mich nur für die Psychologie der Politiker interessiert, worüber ich vielleicht noch einmal ein Buch schreiben werde."* Leider hat er das nicht getan!

An Oskar und Cecile Vogt erinnern im Campus des MDC heute noch die Porträts dieser beiden Ärzte und Wissenschaftler des Berliner Künstlers Hans Scheib dort, wo einst ein Teil des Genetischen Vivariums von Timoféeff-Ressovsky stand. Und schließlich verdanken wir Oskar Vogt auch heute noch den Reichtum an seltenen, teilweise fremdländischen Bäumen und anderen schmückenden Gehölzen des MCD-Parks.

Besonderer Teil der vorausgehend im Zusammenhang mit dem Institut für Hirnforschung genannten Anstalt war das sogenannte „feste Haus", Haus 212 des Hufeland-Krankenhauses, damals noch III. Irrenanstalt, das 1929 von dem Schriftsteller und Bucher Arzt Alfred Döblin in seinem auch verfilmten Roman *Berlin Alexanderplatz* u. a. folgendermaßen beschrieben wurde: *„Irrenanstalt Buch, festes Haus. Die Anstalt liegt ein Stück hinter dem Dorf, das feste Haus liegt außerhalb der anderen Häuser mit Patienten, die nur krank sind und nichts verbrochen haben. Das feste Haus liegt im freien Gelände, auf dem offenen ganz flachen Land. Es sind wenig Bäume und wenig Sträucher, dann stehen noch ein paar Telegraphenstangen da."* Heute befindet sich in diesem Gebäude in Berlin-Buch, Lindenberger Weg 69, Haus 12, ein Krankenhaus des Maßregelvollzugs (KMV).

Besonderer Mitteilungen bedarf die Frage der Beteiligung von Ärzten der Klinik des Instituts für Hirnforschung in Berlin-Buch an Euthanasiemaßnahmen nach 1937 unter Oskar Vogts Nachfolger Professor Hugo Spatz.

Unbestritten ist, dass insbesondere der Arzt Dr. Julius Hallervorden ab 1940 Gehirne von Euthanasieopfern vor allem aus der Anstalt Brandenburg-Görden untersucht hat. Hallervorden schrieb dazu am 11. Februar 1946 an den Präsidenten des Internationalen Gerichtshofes über seine Tätigkeit als Prosektor der Gördener Anstalt: *„Ich selbst war neben meiner Tätigkeit als Leiter der histopathologischen Abteilung des Kaiser-Wilhelm-Instituts für Hirnforschung in Berlin-Buch Prosektor der Landesirrenanstalt Görden bei Brandenburg. In dieser Eigenschaft hatte ich jedes Gehirn der dort Verstorbenen zu untersuchen, nur die zur Klärung der Diagnose der Krankheitsentstehungen wichtigen ließ ich an meine Abteilung im Hirnforschungsinstitut in Berlin-Buch kommen, um sie näher zu studieren."* Der international bekannte Tübinger Neurologe und Neuropathologe Professor Dr. Jürgen Peiffer, mit dem ich dieses Problem mehrfach diskutieren konnte, schrieb 2000 in einer Arbeit, betitelt „Neuropathologische Untersuchungen an Euthanasieopfern“: *„Beweise dafür, daß durch die Wissenschaftler gezielt Kranke getötet wurden, fanden sich nicht, wohl aber aufgrund der Diagnosevergleiche gewichtige Hinweise darauf, daß gezielt Gehirne entnommen und den Forschungsinstituten zugeleitet wurden.“* Und an anderer Stelle schrieb Peiffer (Übersetzung aus dem Englischen): *„Im Zeitraum von 1939 bis 1944 wurden insgesamt 1651 Fälle in Brandenburg-Görden untersucht, nicht eingeschlossen 68 Gehirne, die an Hallervorden in Berlin-Buch für wissenschaftliche Forschungen geschickt wurden.“* Nach Peiffer wurden von Hallervorden insgesamt 824 Gehirne untersucht, von denen 279 sicher und 314 sehr wahrscheinlich von Tötungsopfern der Euthanasieaktionen stammten, 231 wurden als „unwahrscheinlich von Euthanasieopfern stammend“ eingestuft. Im Dokument D-906 der Nürnberger Untersuchungen heißt es dazu schließlich: *„Hallervorden was not connected with the euthanasia program.“* Auch von Professor Hugo Spatz, Nachfolger von Oskar Vogt in Buch, wurden Gehirne untersucht, und zwar insgesamt 344, von denen nach Peiffer 16 sicher und 89 wahrscheinlich von Euthanasieopfern stammten; 239 wurden als „nicht sicher nachgewiesen“ klassifiziert.

Am 14. Oktober 2000 wurde in Berlin-Buch im Campus des Max-Delbrück-Centrums (MDC) in einer Gemeinschaftsveranstaltung von MDC, Max-Planck-Gesellschaft und Deutscher Forschungsgemeinschaft (DFG) ein Mahnmal „Zur Erinnerung an die Opfer nationalsozialistischer Euthanasieverbrechen“ eingeweiht. Der Titel lautet: *„Zur Erinnerung an die Opfer nationalsozialistischer Euthanasieverbrechen.“*

In dem von Oskar Vogt und nach ihm ab 1936 von Professor Hugo Spatz in Buch geleiteten Institut für Hirnforschung mit Klinik war bis 1945 auch der renommierte russische Genetiker Nikolai Wladimirovich Timoféeff-Ressovsky als Abteilungsleiter des sogenannten „Genetischen Vivariums" tätig. Seine wissenschaftlichen Arbeiten betrafen insbesondere die *Populationsgenetik*, die *Phänogenetik*, die *Radiobiologie* und *Mutationsforschung* sowie *medizinische Anwendungen radioaktiver Isotope*. Von seinen vielen Veröffentlichungen sei insbesondere die bahnbrechende Arbeit „Über die Natur der Genmutation und der Genstruktur" zusammen mit Karl Günter Zimmer und Max Delbrück 1935 genannt.

Am 21. April 1945 wurde Buch durch Sowjetische Truppen besetzt, das bisherige Institut für Hirnforschung mit dem ehemaligen Genetischen Vivarium von Timoféeff unter Aufsicht sowjetischer Militärs gestellt und an diesem Tag Timoféeff-Ressovsky zunächst auch als Direktor des Instituts sowie ebenfalls als Bürgermeister von Buch eingesetzt.

Das Institut, in dem sich während des Krieges aus zerstörten Berliner Einrichtungen bekannte Wissenschaftler niedergelassen hatten, so beispielsweise der bekannte Biochemiker und Bucher Bürger Professor Karl Lohmann und der Physiker Professor Robert Rompe, erhielt zunächst die Bezeichnung „Institut für Genetik und Biophysik". Auf dem Institutsgelände wurde schließlich ein russischer Soldat als Wächter eingesetzt, der dafür zu sorgen hatte, dass Ordnung herrschte. Dieser nahm nach Aussagen von Zeitzeugen (u. a. Professor Rompe an H. Bielka) diese Anweisung so ernst, *dass er Rotarmisten das Radfahren auf dem Institutsgelände untersagte mit dem Hinweis, dass hier der berühmte Forscher Timoféeff arbeite, der dafür absolute Ruhe brauche.*

Allerdings währte diese verordnete Ruhe nicht lange, denn am 14. September 1945 wurde Timoféeff in Buch von Sowjetischen Geheimdienstleuten verhaftet, in einer schwarzen Limousine abtransportiert und zunächst in verschiedenen geheim gehaltenen Lagern der Sowjetunion gefangen gehalten, worüber u. a. auch Alexander Solschenizyn in seinem Buch Der *Archipel Gulag* berichtet. Große Teile der wissenschaftlichen Geräte des Instituts in Buch wurden von russischen Soldaten in Munitionskisten verpackt und weggeschafft. Damit war die weitere Existenz des Instituts in Berlin-Buch zunächst infrage gestellt.

1945–1990
Medizinisch-Biologische Akademieinstitute: Ein Exposé

Die wissenschaftlichen Entwicklungen des Instituts in Berlin-Buch nach Kriegsende im Mai 1945, zunächst unter Kontrolle verschiedener sowjetischer Behörden, wurden vorerst vor allem von dem in Buch angesiedelten Chemiker und Mediziner Universitätsprofessor Dr. Karl Lohmann bestimmt, zugleich Ordinarius für Physiologische Chemie an der Humboldt-Universität Berlin und, wie der Mediziner Robert Rössle und der Physiker Walter Friedrich, Mitglied der Medizinischen Klasse der Akademie der Wissenschaften und ab 7. Dezember 1949 auch Sekretar der Klasse für medizinische Wissenschaften.

Professor Lohmann war von Timoféeff-Ressovsky noch vor Kriegsende vom Institut für Physiologische Chemie der Universität Berlin nach Buch geholt worden. Darüber gibt ein Dokument folgendermaßen Auskunft:

Hierdurch wird bescheinigt, daß Herr Professor Dr. Karl Lohmann, geboren am 10.04.98, wohnhaft in Berlin-Buch, Lindenberger Weg 78, im Institut für Genetik und Biophysik, Berlin-Buch, vormals Kaiser-Wilhelm-Institut für Hirnforschung, als wissenschaftlicher Mitarbeiter voll beschäftigt ist. Das Institut arbeitet im Auftrag des Oberkommandos der Roten Armee.

Berlin-Buch, den 16. Juni 1945

N. W. Timoféeff-Ressovsky (Es folgt die Unterschrift von Timoféeff als *Direktor des Instituts.*)

Im Herbst 1945 wurde sodann das Institut dem Magistrat von Berlin zugeordnet.

Am 27. Juni 1947 verfügte der Oberbefehlshaber der Sowjetischen Militäradministration in Deutschland (SMAD) sodann die Übergabe des Medizinisch-Biologischen Instituts in Buch an die Deutsche Akademie der Wissenschaften zu Berlin, die mit Befehl Nr. 161 am 1. August 1946 aufgrund einer Entscheidung vom 1. Juli 1946, dem 300. Geburtstag von Gottfried Wilhelm Leibniz, gegründet worden war. Diese Gründungsanweisung erfolgte mit Befehl Nr. 187 des „Obersten Chefs der Sowjetischen Militäradministration, des Oberkommandierenden der Gruppe Sowjetischer Okkupationstruppen in Deutschland“, Marschall Shukow. Der Befehl bezweckte, wie es hieß, die *„Mitwirkung der Wissenschaften beim Aufbau Deutschlands“*, wofür das Studium medizinisch-biologischer Fragen und insbesondere die Krebsprobleme herausgestellt wurden.

Erster Akademiepräsident wurde ab 1. Juli 1946 der bekannte Altphilologe Universitätsprofessor Dr. Johannes Stroux, und am 1. August 1946 nahm die Deutsche Akademie der Wissenschaften zu Berlin mit sechs Klassen ihre Arbeit auf.

Im Juni 1947 übergab sodann die Sowjetische Militäradministration in Deutschland das ehemalige Kaiser-Wilhelm-Institut für Hirnforschung in Berlin-Buch an die Akademie der Wissenschaften für das *„Studium medizinisch-biologischer Fragen“*. In der Gründungsanweisung für das Bucher Institut wurde nachdrücklich auf die *„Bearbeitung von Problemen der theoretischen und klinischen Medizin“* hingewiesen, wobei insbesondere *„das Studium des Krebsproblems in Gemeinschaftsarbeit mit der Klinik für die Bearbeitung der Diagnostik und Heilung der Krebskranken“* herausgestellt wurde.

In der Folge der Weisungen und Beschlüsse wurde am 4. Juli 1947 das Institut in Buch offiziell in das Eigentum der Akademie der Wissenschaften übergeben. Hierzu teilte sodann am 8. Dezember 1947 Dr. Naas von der Akademie der Wissenschaften in einem Brief an „Herrn General Makarow“, Abteilung für Gesundheitswesen der SMAD (**S**owjetische **M**ilitär**a**dministration in **D**eutschland) mit, *„das Institut als Anziehungs- und Sammelpunkt auch für bedeutende Wissenschaftler vor allem auch aus dem Westen Deutschlands zu benutzen."* Und in der Tat konnte Professor Lohmann zunächst u. a. den bekannten Genetiker Hans Nachtsheim sowie die Elektronenmikroskopiker Ernst und Helmut Ruska „aus dem Westen" für Buch gewinnen. Ernst Ruska erhielt 1986 den Nobelpreis für Physik.

In einem Artikel in der „Täglichen Rundschau" vom 9. September 1947 beschrieb Professor Karl Lohmann die Situation im Institut in Buch u. a. so: *„Die Zeiten, da man mit einem Reagenzglas wissenschaftliche Forschung betreiben kann, sind heute leider vorbei. Unsere Untersuchungsmöglichkeiten sind auch heute leider noch immer beschränkt durch die allgemeine Materialknappheit und den Mangel an Chemikalien. Wir haben uns von Anfang an bemüht, die Einengung unserer Arbeit durch Improvisation und persönliche Initiative zu beheben."* Damals wurde ja noch mit Chemikalien „aus der Flasche", mit Händen und im Kopf das gemacht, was heute fertig zusammengestellt und werbewirksam verpackt sogenannte Kits sowie Automaten und Computer erledigen.

Nach langem „Hin und Her" wies schließlich am 9. Dezember 1947 Oberst Sokolow, Chef der Abteilung Gesundheitswesen der Sowjetischen Militäradministration in Deutschland, in einem Schreiben an den Akademiepräsidenten die Gründung von Abteilungen für Biochemie, für Biophysik, für Vergleichende Biologie und Pathologie sowie für Krebsforschung einschließlich Klinische Abteilung in Berlin-Buch an. Auf diesen Grundlagen entwickelte sich dann das Akademieinstitut für Medizin und Biologie unter Leitung von Professor Walter Friedrich und Professor Karl Lohmann als Stellvertreter sowie bis 1954 Professor Heinrich Cramer als Direktor der Geschwulstklinik. Sein Nachfolger wurde Professor Hans Gummel.

Als ich Ende Mai 1953 in diesem Akademieinstitut für Medizin und Biologie in Buch ankam, um nunmehr, wie bei meinem ersten Besuch im Mai verabredet, bei Professor Graffi zu diplomieren, gab es in diesem Institut die Abteilungen für Biochemie, Biophysik, Zellphysiologie, Chemie, Genetik, Experimentelle Krebsforschung sowie die Geschwulstklinik. Leitende Mitarbeiter waren u. a. der Physiker Professor Walter Friedrich, auch Rektor der Humboldt-Universität und zu dieser Zeit gleichfalls Präsident der Akademie der Wissenschaften, der Biochemiker Professor Karl Lohmann, der Mediziner Professor Arnold Graffi, der Genetiker Professor Herbert Lüers, der Biochemiker Professor Erwin Negelein, der Pharmakologe Professor Friedrich Jung sowie in der Klinik die Ärzte Professor Heinrich Cramer (Radiologe), Professor Hans Gummel und Theodor Matthes (Chirurgen).

Friedrich, Lohmann, Gummel, Graffi, Negelein und Jung wohnten auch hier im Institutsgelände, eng mit ihren Aufgaben und den Mitarbeitern verbunden, wenn auch nicht immer in voller Eintracht. Sie waren hier eben auch „zu Hause“, im „Campus“, wie wir heute zu sagen pflegen, und konnten sie so auch näher kennenlernen, als Chefs, als Wissenschaftler und auch mehr privat als Mensch in einer großen Familie.

So erlebte ich zum Beispiel den berühmten Biochemiker Professor Lohmann, von Geburt her Westfale, dem man daher auch „Dickschädelei“ nachsagte (Entdecker des Energiespeichers Adenosintriphosphats ATP 1929 und dafür Kandidat für den Nobelpreis), auch beeindruckender Leiter und Mentor der über Buch hinaus bekannten Bucher wissenschaftlichen Kolloquien an Mittwochvormittagen jeweils 10 Uhr im Hörsaal des alten Institutsgebäudes. Er leitete und diskutierte mit kaum zu brechender westfälischer Strenge, ihm eigener Schläue und zum Teil auch listiger Hartnäckigkeit. So erlebte ich Lohmann, damals 78-jähriger Emeritus und damit kurz vor seinem Tod

1978, auch als Organisator der bereits erwähnten Protestaktion mit Institutsmitarbeitern 1976 gegen den Abriss historischer Wohn- und Geschäftshäuser, Gaststätten und traditionsreicher bäuerlicher Gehöfte auf der Südseite der Dorfaue Alt-Buch „zugunsten“ der nachfolgenden Errichtung fünf- und elfgeschossiger Betonplattenbauten, womit ein Teil Bucher Geschichte verloren ging.

Ich erlebte Lohmann aber auch noch privat in seinen Gemüsebeeten der Gartenanlagen für Institutsmitarbeiter hinter dem Neutronenhaus als „Kleingärtner“ in schon etwas abgenutzten halbhohen Gummistiefeln, knielanger abgetragener Turnhose, Unterhemd und im Genick tragenden Hut bei Gartenarbeit mit Spaten und Harke, nahezu eine Vorlage für Wilhelm Busch, aber sicher so nicht immer zur Zufriedenheit seiner bescheidenen Ehefrau Helene. Unordnung mochte Lohmann prinzipiell nicht, und so ärgerte er sich stets, mitunter etwas lautstark, besonders auch über das wuchernde Unkraut im Garten. Frau Helene nahm das meist ohne Kommentar zur Kenntnis. Sie kannte ihn ja: Westfale vormals Preußen.

Professor Lohmann war auch ein leidenschaftlicher Skatspieler. Bereits vor den jährlich stattfindenden Institutsausflügen, meist Dampferfahrten auf Berliner Gewässern, organisierte er Mannschaften für Skatspiele auf dem Schiff und gab dafür seine Skatregeln bekannt, die durch die ausgewählten Mitspieler einzuhalten waren. Er war ein verbissener Spieler, verlieren mochte er gar nicht gern. Wir Jungen gehorchten natürlich respektvoll. Als honorige Person konnte er gelegentlich auch sehr unmutig sein, und er war immer sehr kritisch. Er starb 80-jährig. Sein Grab befindet sich auf dem Friedhof unserer Bucher Schlosskirche, auf dem zahlreiche verdienstvolle Bucher Persönlichkeiten ihre letzte Ruhe gefunden haben. Neben dem Grab von Lohmann nenne ich die Gräber der Bucher Wissenschaftler Graffi, Negelein und Repke, der Theologen und Pfarrer Hüttel von Heidenfeld und Döpmann, der Ärzte Ocklitz, Mochmann, Strahl, Kothe und Conradi, die Gräber von Kantor Weigle und seinem Sohn Friedemann, Mitglied des bekannten Artemis-Quartetts, von Professor Kurt-Reinhard Biermann, Vizepräsident der Internationalen Akademie Historischer Wissenschaften, das Grab des 1927 verstorbenen Berliner Oberbürgermeisters Adolf Wermuth, das Grab des 1953 verstorbenen Professors Hans Anders, Leiter des Pathologischen Instituts in Zusammenarbeit mit dem Institut für Hirnforschung der Kaiser-Wilhelm-Gesellschaft, sowie an der Westseite des alten Friedhofs das Wandgrab der Familie von Voß mit gräflichem Wappen. Besondere Aufmerksamkeit verdient auch der nunmehr geschützt im Inneren der Schlosskirche befindliche, mit Todessymbolen versehene Grabstein der *„Anno 1710 den 11. November wohl gestorbenen Anna Katharina Henning, ihres Alters 38 Jahre"*.

Bei abendlichen Spaziergängen im Institutsgelände am Lindenberger Weg konnte man häufig aus der Wohnung von Professor Graffi im Mitarbeiterhaus, jetzt Gästehaus Salvadore Luria, dessen Klavierkompositionen vernehmen. Er spielte gern Klavier und auch ein bisschen Geige, so wie ich. Mit Erhard Geißler, damals ebenfalls Diplomand bei Graffi und später Genetiker an der Universität Rostock, er spielte eigentlich ganz gut Klavier, sollten wir u. a. im Hörsaal Graffis Kompositionen „Klassik" für Klavier und Geige vorspielen, kamen jedoch meist über bescheidene, Graffi nur einigermaßen zufriedenstellende Anfänge nicht hinaus, zum Teil wegen Geißlers Jazzstils, wie unser Chef monierte. Graffis Versuche, uns seine Kompositionen richtiger zu vermitteln, endeten mit seiner Bemerkung: *„Es geht wohl wirklich nicht besser."* Seine vielen Landschaftsaquarelle gefielen uns hingegen sehr. Er hat sehr viel gemalt. Und auch unsere wissenschaftlichen Arbeiten bei ihm waren erfolgreicher.

Bis zum Mauerbau 1961 gab es in der Viersektorenstadt Berlin noch vielfältige wissenschaftliche Beziehungen und menschliche Begegnungen zwischen Ost- und Westberlin. Im Bucher Akademieinstitut und der Klinik arbeiteten nach wie vor einige Westberliner, Wissenschaftler und Ärzte, auch technisches Personal, und wir Ostler besuchten zudem oft Kolloquien und Tagungen in Dahlem und der Technischen Universität. Es gab gesamtdeutsche wissenschaftliche Gesellschaften und auch noch wissenschaftliche Zusammenarbeit, zum Beispiel eine sehr erfolgreiche Zusammenarbeit der Abteilung für Biologische Krebsforschung des Bucher Akademieinstituts mit dem Lehrgebiet Biologie der Westberliner Technischen Hochschule und dem Institut für Elektronenmikroskopie im Fritz-Haber-Institut der Max-Planck-Gesellschaft in Berlin-Dahlem. Und auch nach dem Mauerbau pflegten wir Bucher Zellphysiologen noch gute Kontakte, wissenschaftlich und vor allem auch menschlich sehr verbunden, mit Mitarbeitern des Max-Planck-Instituts für Molekulare Genetik von Professor Wittmann in Berlin-Dahlem, sicher mit „Aug' und Ohr“ sowie auf „Schritt und Tritt“ von der Stasi (Staatssicherheit) belauscht.

1961 erhielten die bisherigen Abteilungen für Biochemie, Biophysik, Genetik, Zellphysiologie, Krebsforschung, Pharmakologie, Isotopenforschung und die Geschwulstklinik der Akademie der Wissenschaften in Berlin-Buch den Status von Instituten. Hierzu hieß es in den Gründungsanweisungen: *„Die aus den Arbeitsbereichen* [bisher Abteilungen] *des Instituts für Medizin und Biologie hervorgegangen neuen Institute bilden gemeinsam mit dem Institut für kortiko-viszerale Pathologie und Therapie, der Arbeitsstelle für Kreislaufforschung und der Arbeitsstelle für Infektionskrankheiten im Kindesalter* [gegründet 1958 von Professor Ocklitz in der Kinderklinik im Städtischen Krankenhaus Berlin-Buch] *das Medizinisch-Bio-*

logische Forschungszentrum der DAW [Deutsche Akademie der Wissenschaften], *das unter W. Friedrich als Präsident die Bezeichnung ‚Institute für Medizin und Biologie in Berlin-Buch' führt."*

Schließlich wurden 1972 im Zusammenhang mit Akademiereformen neue Forschungsbereiche und Zentralinstitute der Akademie gebildet, so in Buch die Zentralinstitute für „Molekularbiologie" (ZIM) unter Professor Jung, für „Krebsforschung" (ZIK mit „Robert-Rössle-Geschwulstklinik") unter Professor Gummel und für „Herz-Kreislaufforschung" (ZIHK) unter Professor Baumann. Diese Zentralinstitute bildeten schließlich das Akademie-Forschungszentrum Buch bis zu ihrer „Abwicklung" mit anderen Direktoren 1990/91.

Politisch geprägt, waren die 1960er-Jahre auch durch deutliche Veränderungen in den wissenschaftlich-gesellschaftspolitischen Aufgaben der Akademie bestimmt. Während es im Statut der Akademie im Gründungsjahr 1946 zu „Allgemeiner Auftrag der Akademie" noch hieß: *„Pflege der Wissenschaft und ihre Mehrung auf dem Weg der freien Forschung"*, so wurde auf dem Leibniztag 1968 der damals noch „Deutschen Akademie der Wissenschaften zu Berlin" u. a. verkündet: *„Forschungsarbeiten dürfen zukünftig nur noch im gesellschaftlichen Auftrag durchgeführt werden"* sowie: *„... als Auftraggeber fungieren die Staats- und Wirtschaftsorgane."*

Der ehemalige Akademiepräsident Professor Werner Scheler, hervorgegangen in den 1950er-Jahren aus der Bucher Pharmakologenschule von Professor Jung, schrieb in seinem Buch *Von der Deutschen Akademie der Wissenschaften zu Berlin zur Akademie der Wissenschaften der DDR*, erschienen im Jahr 2000: *„Wie auf der Ebene der Akademiezentrale entwickelten auch die Parteileitungen der SED in den Instituten bestimmende Aktivitäten gegenüber den Institutsdirektoren. So* *nahm die SED über ihre Parteisekretäre und Mitglieder immer stärkeren Einfluß auf die inhaltlichen und organisatorischen Aufgaben sowie personelle Fragen in den Struktureinheiten.“* Damit kam es dann auch in den Instituten zunehmend zu einer Spaltung der Mitarbeiterschaft in Mitglieder der SED und Nichtmitglieder dieser Partei, die natürlich nicht ohne Folgen auch für menschliche Beziehungen blieb. Wissenschaftsorganisatoren nennen das *„dysfunktionale Unabhängigkeitsbestrebungen“*, was so viel wie *„gestörte Tätigkeiten“* heißt.

Am 6. Mai 1969 wurde als Direktor des Bucher Medizinisch-Biologischen Forschungszentrums durch den Präsidenten der Akademie *„auf Geheiß der Abteilung Wissenschaften der SED“* Professor Dr. Kurt Geiger eingesetzt, ein ehemaliger Offizier im Rang eines Generals der Nationalen Volksarmee der DDR. Dieser „Generaldirektor“, wie wir ihn auch nannten, regierte hier mit militärischen Parolen wie *„Geht nicht – gibt's nicht“* oder *„Erfolg ist Pflicht“*. Daran hatte er Gefallen. Für wissenschaftliche Arbeiten aber hatte er kaum Sinn, ließ sich jedoch aus der Institutsbibliothek haufenweise Bücher für sein Dienstzimmer anliefern, um damit extra für Filmaufnahmen die bis dahin leeren Regale „wissenschaftlich“ zu füllen. Ernsthaft monierte er zum Beispiel die Unordnung auf dem Schreibtisch von Professor Graffi in dessen Zimmer und kritisierte leidenschaftlich Professor Gummel, weil dieser zur Dienstbesprechung bei ihm ohne Notizheft und ohne Schreibutensil erschien. Mit derartigen, für eine Akademieeinrichtung völlig unpassenden und geradezu unwürdigen Verhaltensweisen stieß der „Militärische Direktor“, um in seiner Sprache zu reden, aber bald auf heftige Gegenwehr bei leitenden Wissenschaftlern und Ärzten, sodass er nach etwa zwei Jahren endlich seinen Kommandostand im Walter-Friedrich-Haus wieder verlassen und seinen Rückzug antreten musste, ein Rückzug, der im Gegensatz zum pompösen Einmarsch lautlos verlief.

Eines Tages war er einfach weg! Es kehrte wieder etwas mehr akademisch geprägte Wissenschaft ein.

Zurück zur Geschichte des Akademieinstituts für Medizin und Biologie in Buch. Am 8. Juli 1954 hatte der Ministerrat der DDR zusätzlich die Schaffung eines „Instituts für Herz-Kreislaufforschung“ im Akademieinstitut in Berlin-Buch beschlossen. Dafür wurde nach einigen anfänglichen Schwierigkeiten im Bucher Akademieinstitut für Medizin und Biologie zum 1. Dezember 1955 die Arbeitsgruppe für Biochemie unter Leitung von Professor Albert Wollenberger gegründet, ab 1. Februar 1965 sodann „Institut für Kreislaufforschung“.

Mit Wirkung vom 1. Oktober 1958 war das am 1. Dezember 1957 von Professor Rudolf Baumann gegründete „Institut für kortiko-viszerale Pathologie und Therapie“ aus dem Geschäftsbereich des Städtischen Krankenhauses Berlin-Buch ausgegliedert und von der damals noch „Deutschen Akademie der Wissenschaften zu Berlin“ übernommen worden. 1972 wurde sodann dieses Institut zusammen mit dem Institut für Kreislaufforschung unter Professor Wollenberger als Zentralinstitut für Herz-Kreislaufforschung unter Professor Baumann als Einrichtung der Bucher Akademie-Zentralinstitute vereinigt.

Und nochmals zurück in die 1950er- und die folgenden Jahre im Bucher Akademieinstitut für Medizin und Biologie, in das ich 1953 als angehender Diplomand zu Professor Graffi in die Abteilung für Experimentelle Krebsforschung kam. Es waren aufregende, erfolgreiche Jahre.

In den Jahren 1953 bis etwa 1960 habe ich mich als Student, wissenschaftlicher Assistent und Oberassistent zunächst u. a. mit Fragen des Energiestoffwechsels und der Metastasierung von Tumoren sowie krebserregenden, sogenannten onkogenen Viren beschäftigt mit Diplomarbeit 1954, Promotion 1956 und Habilitation 1961. 1955 und 1957 hospitierte ich zeitweilig im Biochemischen Institut der Universität Budapest bei dem international bekannten Biochemiker Professor Bruno Straub. 1959 weilte ich zu einem mehrmonatigen Arbeitsaufenthalt in China, um in Schanghai im Institut für Biologie der Chinesischen Akademie der Wissenschaften die Abteilung für Biochemie aufzubauen. Nach der Habilitation 1961 wurde ich als Dr. rer. nat. habil. zum Stellvertretenden Direktor von Professor Graffi des Instituts für Experimentelle Krebsforschung berufen. Von 1961 bis 1996 war ich ständiger Lehrbeauftragter für Molekularbiologie an der Humboldt-Universität Berlin, zeitweilig auch an der Universität Halle. 1965 erfolgte meine Berufung als Direktor des Instituts für Zellphysiologie, 1967 als Mitglied im Vorstand der Biochemischen Gesellschaft der DDR, 1968 die Ernennung zum Professor der Biochemie, und 1970 wurde ich Mitglied der Leopoldina sowie 1974 und 1993 Akademiemitglied in Berlin.

Mit Beginn des Zeitalters der Molekularbiologie etwa zu Beginn der 1960er-Jahre wandte ich mich nach der Krebsforschung zunehmend der aufkommenden molekularbiologischen Forschung zu, und zwar den Ribosomen, also Strukturen der Zelle, in denen die genetisch programmierte Synthese von Proteinen erfolgt, ein Prozess, der als Translation genetischer Informationen bezeichnet wird, d. h. Übersetzung des genetischen Codes in Form von Nukleotidsequenzen der DNS (***D***esoxyribo***n***uklein***s***äure) und nachfolgend der mRNS (***M***essenger-***R***ibo***n***uklein***s***äure) in Aminosäuresequenzen der Proteine. Ribosomen sind supramolekular aus Proteinen und Ribonukleinsäuren organisierte Substrukturen der Zelle. Die Ergebnisse dieser Arbeiten über Ribosomen im Institut für Zellphysiologie wurden mehrfach ausgezeichnet, u. a. mit dem Nationalpreis und dem Rudolf-Virchow-Preis sowie in Weiterführung der Arbeiten über *„Streßproteine: Molekulare Eigenschaften, Induktion durch Cancerostatika sowie Be-*

deutung für Wachstum und Differenzierung von Tumorzellen" 1993 mit Mitarbeitern mit dem Gerhard-Domagk-Preis für klinische und experimentelle Krebsforschung. In diesen Zeiten war ich u. a. Mitglied der internationalen Kommission für „Advanced Courses" der „Federation of European Biochemical Societies" (FEBS) sowie der „Commission on Biochemical Nomenclature" der „International Union of Biochemistry" (IUB), Letztere mit Wiederwahl von 1978 bis 1984. So war es mir als sogenannter Reisekader der Akademie der Wissenschaften der DDR auch möglich, mit Vorträgen an internationalen Biochemie- und Zellbiologiekongressen in nahezu allen europäischen Ländern sowie Tagungen in den USA und Kanada teilzunehmen und so wichtige internationale Kontakte zu pflegen, die für unsere Arbeiten „zu Hause" im Labor sehr wichtig waren.

1990–1992
Akademieinstitute: Wendezeit, Abwicklung und Neubeginn: MDC

Obwohl durch verschiedene politisch-ideologische Maßnahmen und ökonomische Probleme auch in Akademieinstituten in Berlin-Buch viele Mitarbeiter resignierten, in die innere Emigration getrieben wurden und Oppositionelle wurden, verliefen die Ereignisse und Entwicklungen in der Zeit des Revolutionsgeschehens 1989/90 in Buch insgesamt friedlich. In den Instituten und Kliniken der Akademie wurden Initiativgruppen sowie Räte der Institutsvertreter, wissenschaftliche Räte und Personalräte für die Einleitung von Maßnahmen zur demokratischen Umgestaltung von Leitungsprozessen und der Personalpolitik sowie für Abstimmungen und Wahlen gegründet.

Im Zentralinstitut für Herz-Kreislaufforschung sprachen sich im Ergebnis einer Vertrauensabstimmung im April 1990 etwa 76 % der Mitarbeiter gegen die Fortführung der Leitung des Instituts durch den 1976 in der Nachfolge von Professor Baumann von der Berliner Charité berufenen Direktor aus, der dann in einem langwierigen Verfahren schließlich im Juni 1990 vom Präsidenten der Akademie von seinem Amt abberufen wurde. Im Zentralinstitut für Krebsforschung wurde dem 1975 berufenen, nicht unumstrittenen Nachfolger von Professor Gummel aufgrund eines gestörten Verhältnisses zwischen ihm und Mitarbeitern das Vertrauen entzogen und daher vom Präsidenten der Akademie im Januar 1990 beurlaubt. Hingegen wurde im Zentralinstitut für Molekularbiologie der Leiter mit Stimmenmehrheit in seinem Amt zunächst bestätigt. Natürlich waren sie alle Mitglieder der SED.

Bereits Ende 1989 beginnend wurde von Wissenschaftlern und Ärzten der Bucher Akademieinstitute und Kliniken des Akademie-Campus mit Blick auf zukünftige Entwicklungen ein Konzept für die Bildung einer Forschungseinrichtung „Biomedizinische Forschung Berlin-Buch" erarbeitet, das Elemente enthielt, wie sie auch später im Programm für das Max-Delbrück-Centrum enthalten waren. Dieses Konzept wurde von international ausgewiesenen Fachleuten unter Federführung von Professor Harald zur Hausen vom Deutschen Krebsforschungszentrum (DKFZ) Heidelberg in einer schriftlichen Stellungnahme unterstützt, vom Wissenschaftsrat der Bundesrepublik aber nicht befürwortet, ohne dass dafür Begründungen gegeben wurden.

Zur Zeit der Herbstrevolution 1989 waren meines Wissens nur relativ wenige Mitarbeiter der Bucher Akademieinstitute Mitglieder DDR-oppositioneller Gruppen, zum Beispiel des „Neuen Forums", zu deren Gründern Professor Dr. Jens Reich vom Zentralinstitut für Molekularbiologie in Berlin-Buch gehörte. Soweit ich weiß, gab es in den Bucher Akademieinstituten jedoch keine organisierten, aktiv oppositionellen Gruppierungen. Einzelaktionen, Mitarbeiterversammlungen und Protestaktionen verliefen verständlicherweise nicht völlig emotionsfrei, insgesamt aber friedlich. Einige, zum Teil merkwürdige und daher nicht unterstützungswerte Verhaltensweisen und Forderungen von Mitarbeitern waren letztendlich ohne Einfluss auf weitere Entwicklungen im Campus.

Mit der durch Menschen in der DDR 1989 eingeleiteten friedlichen Revolution kam 1990 das Ende der DDR und damit auch das Ende der Akademie der Wissenschaften der DDR und ihrer Institute 1991. Entsprechend Artikel 38 über „Wissenschaft und Forschung" des Deutschen Einigungsvertrages vom September 1990 wurden die Akademieinstitute evaluiert und „abgewickelt", was auch so viel wie „erledigen" bedeuten kann.

Die Evaluierung der Bucher Akademieinstitute erfolgte zwischen dem 8. und 11. Oktober 1990 durch eine Arbeitsgruppe des Wissenschaftsrates, in der sich unter den 15 Mitgliedern lediglich drei aus den neuen Bundesländern, also der ehemaligen DDR befanden. Nach meinem Urteil waren die Überprüfungen sowohl vom Ansatz her als auch in ihrer Durchführung vor Ort zum großen Teil alles andere, als dass man sie als befriedigend bezeichnen könnte. Selbst Evaluierer und auch andere prominente Wissenschaftler der Bundesrepublik sahen sich zu kritischen Stellungnahmen veranlasst.

Professor Simon, zur Zeit der Evaluierungen 1991 Vorsitzender des Wissenschaftsrates der Bundesrepublik, äußerte sich folgendermaßen: *„Die Wissenschaft der DDR kann sicher nicht zu den Gewinnern des Verfahrens gerechnet werden. Das gewollte und öffentlich propagierte Gemeinschaftswerk wurde im Kern ein Westwerk unter überwiegender symbolischer Beteiligung ostdeutscher Wissenschaftler.“* Und weiter: *„Die Taktlosigkeit, die unsere Wissenschaftler zum Teil dort begangen haben, haben zu Recht unsere Kollegen aus dem Osten empört.“*

Ministerialrat Hartmut Grübel, Verfasser des „Abwicklungsleitfadens“, schrieb am 21. Dezember 1991 in der „Frankfurter Allgemeinen Zeitung“: *„Sie werden niemals vergessen, wie wir sie in diesen entscheidenden Momenten behandelt haben.“*

Der bekannte und sehr geachtete Philosoph Professor Mittelstraß von der Universität Konstanz bekundete 1993 im Wissenschaftsrat: *„Am Ende werden wir im Osten nur den Westen wiederfinden mit seiner Stärke – sprich Wissenschaftsfreiheit – und mit seiner Schwäche – sprich Reformunfähigkeit.“*

Der prominente Geschichtswissenschaftler Professor Jürgen Kocka von der Freien Universität Berlin und Leiter der Arbeitsgruppe „Wissenschaft und Wiedervereinigung“ der Berlin-Brandenburgischen Akademie der Wissenschaften urteilte 1994 über die Vereinigung unter anderem so: *„... die deutsche*

Wiedervereinigung auch im Bereich der Wissenschaften ging im Wesentlichen als Übertragung der westdeutschen Ordnung auf die ostdeutschen Länder vor sich, ein Transfer von Institutionen, Personen, Wissen und Präferenzen."

Ein namhaftes Mitglied der Evaluierungsgruppe schrieb schließlich in dem 1995 erschienenen Buch *Wissenschaft und Wiedervereinigung*: „*Die Aufgaben an den Wissenschaftsrat, das Wissenschaftssystem eines ganzen Landes in kürzester Zeit zu evaluieren und in das System der Bundesrepublik nach internationalen Kriterien einzugliedern, war in weiten Bereichen eine Überforderung sowohl für das System des Wissenschaftsrates als auch der Einzelpersonen. Eine solche Aufgabe hat es in der Wissenschaftsgeschichte bisher noch nie gegeben. Dieser Position waren sich die selbstkritischen Mitglieder der Arbeitsgruppe Biomedizin täglich bewusst und sie litten auch darunter.*"

Und schließlich möchte ich noch Professor Ganten folgendermaßen zitieren: „*Die faktischen Fehler waren nicht so gravierend, und sie sind korrigierbar*", was er nach meinem Urteil als Gründungsdirektor des Max-Delbrück-Centrums für Molekulare Medizin hier in Buch im Rahmen der ihm gegebenen Möglichkeiten auch getan hat. „*Aber*", so Ganten weiter, „*es war ein schwerer psychologischer Fehler, hier mit einer Heerschar unwissender Wessis in Konquistatorenpose einzufallen.*"

So verlief die Vereinigung der beiden deutschen Staaten für viele Mitarbeiter der Bucher Akademieinstitute und Kliniken nicht ohne Probleme, war doch das weitere Schicksal ihrer ehemaligen Arbeitsstätten zunächst unklar. Anpassungserfordernisse gingen einher auch mit Verunsicherungen über Erhalt sozialer Stellungen. Die Freude über die von den meisten ersehnte und mit der Wiedervereinigung gewonnene Freiheit sowie die Bereitschaft und der Mut vieler Menschen zum Neubeginn wurden recht bald durch Praktiken der neuen Gesellschaftsordnung ernüchternd und enttäuschend zurechtgerückt. Hoffnungen und Bereitschaft zum Mitgestalten der Zukunft wurden schnell gedämpft oder waren gar unmöglich. Dass in dieser Zeit der Ungewissheiten und Unzufriedenheiten aber gleichzeitig auch zahlreiche neue Hoffnungen und Erwartungen im Bewusstsein und Handeln vieler Menschen, zum Teil auch skurrile Denkweisen sowie unrealistische Forderungen entstanden, war aufgrund der jahrelangen Entbehrungen demokratischer Rechte und Handlungsmöglichkeiten von DDR-Bürgern durchaus verständlich. Fragen nach Gerechtigkeit und Ungerechtigkeit, häufig gestellt, blieben unbeantwortet, Entwicklungen und Probleme, täglich neu, überforderten das Bewusstsein sowie Fassungs- und Bewältigungsvermögen menschlicher Fähigkeiten und Ethik. Auch das gehört zu meinen Erinnerungen, nicht zu den angenehmen und schönen.

Die Reaktionen in der Presse auf die Gutachten waren zahlreich und vielfältig, von *„Plänen für bedeutendes Wissenschaftszentrum"* bis *„Die Flaggschiffe von Buch sind auf Grund gelaufen"*, womit wohl auf eine Passage im Gutachten des Wissenschaftsrates Bezug genommen wurde, in dem ausgeführt wurde: *„In der ehemaligen DDR gehörten sie zu den renommiertesten Einrichtungen in ihrem jeweiligen Fachgebiet und nahmen im osteuropäischen Raum für Forschung und Bildung eine Leitfunktion wahr."* In der Gesamtbewertung des Gutachtens des Wissenschaftsrates der Bundesrepublik wurde über die Bucher Akademieinstitute weiter zusammengefasst: *„Das von vielen Seiten geschätzte Potential der Nähe von theoretischer und klinischer Forschung in Buch sollte genutzt werden, um ein neuartiges biomedizinisches Forschungszentrum von internationalem Rang zu schaffen."* Und weiter: *„... die günstigen lokalen Voraussetzungen sollten genutzt werden, hier eine für die Bundesrepublik Deutschland neue Struktur zu schaffen, die es erlaubt, moderne klinische*

Forschung im Verbund von molekularbiologischen, zellbiologischen und physiologischen Methoden zu betreiben. Das künftige Zentrum soll aus Einrichtungen der experimentellen Grundlagenforschung, der Forschungsklinik und den Ambulanzen bestehen.“ Eine Struktur in der Einheit von Forschung und Klinik also, die es bereits im Bucher Institut für Hirnforschung und auch im Akademieinstitut für Medizin und Biologie, also seit etwa 60 Jahren in Buch gab.

Im Ergebnis der Evaluierungen sowie des Vereinigungsvertrages wurden die Bucher Institute schließlich zum 31. Dezember 1991 geschlossen. Die zweite Generation Bucher medizinisch-biologischer Forschung in der Einheit mit Kliniken von 1947 bis 1991 ging damit nach 44 Jahren wechselvoller Geschehnisse zu Ende.

Zum 1. Januar 1992 wurde mit der Gründung des MDC eine neue Etappe der Wissenschaftsentwicklung auf diesem Campus eingeleitet, die nunmehr dritte Generation medizinisch-biologischer Forschungen in Berlin-Buch, und zwar unter Leitung des Mediziners Professor Dr. Detlev Ganten. Er hat die Aufgabe und Herausforderung der „Bundesinitiative Ost“ zum Aufbau einer modernen medizinisch-biologischen Forschungseinrichtung in Buch 1990/91 mit allen, ihn auch persönlich betreffenden Konsequenzen mit Ideenreichtum, Einsatzfreude, energischem Engagement, Geschick und notwendig drängender Ungeduld und Leidenschaft aufgenommen und gelöst. Dass er dabei nicht allen Vorstellungen, persönlichen Wünschen und Biografien entsprechen konnte, mussten schließlich auch zu sachlichem Urteil bereite Kritiker in einer schwierigen Zeit einsehen.

Zur Eröffnungsfeier am 7. Dezember 1992 sagte Professor Treusch, damals Vorsitzender der „Arbeitsgemeinschaft der Großforschungseinrichtungen der Bundesrepublik“: *„Ein Blick in die Empfehlungen des Wissenschaftsrates zeigt, dass* *die Medizinisch-Biologischen Institute in Buch mit Stolz auf eine lange, sehr erfolgreiche und international anerkannte Arbeit zurückblicken können, die es nunmehr unter anderen Rahmenbedingungen weiterzuführen gilt"*, wie es dann sehr verdienstvoll unter Professor Detlev Ganten als Gründungsdirektor des MDC mit seiner Frau und Ärztin Dr. Ursula Ganten aus Heidelberg kommend auch geschah.

Auf der Grundlage der voraus zitierten Empfehlungen des Wissenschaftsrates vom 1. Januar 1992 wurde auf dem Campus in Buch das MDC als Großforschungseinrichtung in der Helmholtz-Gemeinschaft gegründet, und zwar zunächst mit den Schwerpunkten Geschwulsterkrankungen, also Krebsforschung, Herz-Kreislauf- und Stoffwechselerkrankungen, Erkrankungen des Nervensystems, also Neurologie, Medizinische Genetik und Zellbiologie, Translationale Medizin, d. h. Übertragung von Erkenntnissen der Forschung in die Kliniken, womit in Buch in der dritten Generation die Zusammenarbeit von biomedizinischer Grundlagenforschung und klinischer Forschung fortgeführt wurde.

Feierlich eröffnet wurde das MDC in einem Festakt am 7. Dezember 1992 in Gegenwart von Bundespräsident Richard von Weizsäcker, Forschungsminister Heinz Riesenhuber und Senator Manfred Erhardt. Das MDC gehört jetzt mit etwa 1 600 Mitarbeitern und Gastwissenschaftlern in etwa 60 Forschungsgruppen in vielfältigen Verzahnungen von medizinisch-biologischen Grundlagenwissenschaften, klinischer Forschung und Kliniken zu den führenden innovativen biomedizinischen Forschungsinstituten weltweit. So haben sich auf dem Campus Buch für Zusammenarbeit mit dem MDC weitere Institute und medizinische Einrichtungen niedergelassen, vor allem Institute und Kliniken der Charité, z. B. im Experimental and Clinical Research Center (ECRC), Berlin Institute of Health (BIH), Berlin Institute for Medical System

Biology (BIMSB) und, auf den Campus zurückkehrend, das Leibniz-Institut für Molekulare Pharmakologie, hervorgegangen aus dem Bucher Akademieinstitut für Molekulare Medizin. In den Empfehlungen des Wissenschaftsrates von 1991 zur Entwicklung der Bucher Akademieeinrichtungen hieß es weiterhin, *„das Campusgelände in Berlin-Buch auch für Ansiedlung einschlägiger industrieller Forschungsaktivitäten zu nutzen"* und: *„Solche Aktivitäten könnten sich auch auf die Grundlagenforschung des biomedizinischen Zentrum auswirken."* Daher haben sich hier industrielle Unternehmen neu bzw. weiterentwickelt, so die erfolgreiche Eckert & Ziegler AG und weitere Biotechnologieunternehmen. Als Betreibergesellschaft des Campus Berlin-Buch mit Gründerzentrum „Biotechnologiepark" mit zurzeit etwa 50 Unternehmen und dem außerschulischen „Gläsernen Labor" fungiert erfolgreich die BBB Management GmbH, gegründet vom MDC 1995 als Tochterunternehmen BBB Biomedizinischer Forschungscampus Berlin-Buch GmbH, im Jahr 2000 umbenannt in BBB Management GmbH Campus Berlin-Buch.

Das MDC, hervorgegangen aus den drei Bucher Zentralinstituten der Akademie der Wissenschaften der DDR, und der Forschungscampus Buch als Wissenschafts-, Gesundheits- und Biotechnologiepark mit jetzt insgesamt etwa 2000 Mitarbeitern haben sich im Zusammenwirken von medizinisch-biologischer Grundlagenforschung, klinischer Forschung und Biotechnologie unter Gründungsdirektor Professor Detlev Ganten und seinen Nachfolgern Professor Walter Birchmeier, Professor Walter Rosenthal, Professor Thomas Sommer und Professor Martin Lohse hervorragend entwickelt. Mit den bisher veröffentlichten Forschungsleistungen in international führenden wissenschaftlichen Zeitschriften gehört das MDC im Ergebnis erfolgreicher Zusammenarbeit mit den anderen Einrichtungen auf dem Wissenschaftscampus Berlin-Buch sowie vielfach darüber hinaus zu den 20 am meisten zitierten biowissenschaftlichen Forschungsinstituten weltweit.

Ad multos annos!

Über den Autor

Aus: Siedlungs- und Kulturgeschichte von Berlin-Buch. Berlin: Frieling-Verlag, 2010.

Professor Dr. Dr. h. c. Heinz Bielka wurde am 19. März 1929 in Gersdorf bei Görlitz geboren. Von 1935 bis 1943 besuchte er zunächst die Lessing-Volksschule in Neukirch in der Oberlausitz, anschließend als Internatsschüler das Lehrerseminar in Löbau bis 1945 und sodann die Goethe-Oberschule in Bischofswerda, wo er 1948 das Abitur ablegte. Nach einjähriger Lehrertätigkeit an einer Grundschule studierte er von 1949 bis 1954 Chemie und Biologie mit Spezialisierung für Biochemie an der Technischen Hochschule Dresden und der Universität Leipzig. Danach war er bis 1991 als wissenschaftlicher Assistent, Oberassistent, Abteilungsleiter und Institutsdirektor auf Gebieten der Krebsforschung, Biochemie und Molekularbiologie in Akademieinstituten und danach bis zu seiner Emeritierung 1995 am MDC in Berlin-Buch tätig. Von 1963 bis 1996 war er zugleich Lehrbeauftragter für Molekularbiologie an der Humboldt-Universität Berlin. Diplom 1954 und Promotion zum Dr. rer. nat. 1956 erwarb er an der Universität Leipzig, die Habilitation 1961 an der Humboldt-Universität Berlin. 1968 erfolgte seine Ernennung zum Professor. 1974 erhielt er den Rudolf-Virchow-Preis, 1979 den Nationalpreis für Wissenschaft und Technik der DDR und 1993 den Gerhard-Domagk-Preis für Krebsforschung. Von 1976 bis 1984 war er Mitglied internationaler Kommissionen der Biochemie (FEBS und IUB), von 1976 bis 1990 Mitglied der Akademie der Wissenschaften der DDR. 1970 wurde er zum Mitglied der Deutschen Akademie der Naturforscher Leopoldina und 1991 zum Senator dieser Akademie als Adjunkt für den Medizinkreis

Berlin und Brandenburg gewählt. Seit 1993 ist er Mitglied der Berlin-Brandenburgischen Akademie der Wissenschaften, in der er bis 1996 als Sekretar der Biowissenschaftlich-Medizinischen Klasse vorstand. 1996 wurde ihm die Ehrendoktorwürde der Humboldt-Universität verliehen. Neben weit über 100 Publikationen aus Gebieten seiner wissenschaftlichen Arbeiten verfasste er mehrere biologisch-medizinische Lehr- und Handbücher einschließlich Wissenschaftsgeschichte.

Aus: *„25 Jahre Max-Delbrück-Centrum für Molekulare Medizin“* (Rede des Parlamentarischen Staatssekretärs Thomas Rachel im Jahr 2017 anlässlich des Festakts in Berlin).

Prof. Dr. Heinz Bielka gehört zu den engagiertesten Wegbegleitern des MDC im Schulterschluss zwischen Vergangenheit und Zukunft. Als Wissenschaftler und Wissenschaftshistoriker hat er sich gleichermaßen verdient gemacht. Der kenntnisreiche Chronist hat in zahlreichen Publikationen und Büchern die Geschichte der medizinischen Forschung in Berlin-Buch festgehalten und so einem weiten Leserkreis zugänglich gemacht. Das MDC und der Campus Buch können auf diesem „Gedächtnis“ aufbauen und die Geschichte fortschreiben. Heinz Bielka war einer der Pioniere der Zell- und Molekularbiologie im Zentralinstitut der Akademie der Wissenschaften, dem er zuletzt als stellvertretender Institutsdirektor angehörte. Seine erfolgreiche wissenschaftliche Tätigkeit setzte er am MDC bis 1995 fort.

Der Autor **Heinz Bielka** selbst bezieht sich hinsichtlich der Frage nach dem Motiv für seine historischen Studien auf **Peter Luder**: *„Geschichte ist eine Anleitung zum Leben, und ihr Studium erhöht die intellektuelle und moralische Erkenntnisfähigkeit“* sowie auf **Johann Wolfgang von Goethe**: *„In den Wissenschaften ist es höchst verdienstlich, das unzulänglich*

Wahre, was die Alten schon besessen, aufzusuchen und weiterzuführen".

Mein besonderer Dank gilt meiner lieben Ehefrau Galina Iwanzowa-Bielka, emeritierte Professorin für Klavier an der Musikhochschule Berlin, die mich zur Niederschrift meiner Lebenserinnerungen inspiriert und meine öffentliche Lesungen hierzu musikalisch auf wunderbare Weise begleitet hat.

H. B.